今天蔬菜當主角

Gastronomie “légume”

Lumière 老闆／主廚
唐渡 泰

瑞昇文化

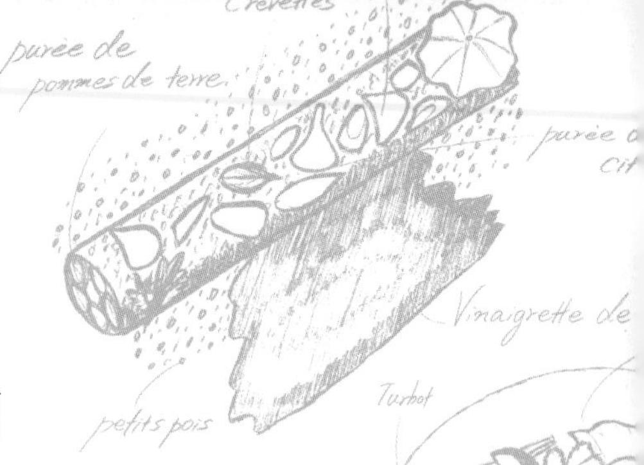

前言

「蔬食美味」是與「好吃」的戰鬥

Lumière 是以「蔬食美味」為概念進行料理的。

傳統上的法式料理，基本的料理方式是在將酒燒乾後加入奶油或鮮奶油，再以麵粉增添濃度。「雖然好吃，但是全餐的肉料理或甜點沒辦法全部吃完」、「法國料理一年只吃幾次就夠了」、「已經有年紀了，法國料理有點……」，在修業時，就時常聽到客人的這些意見。而就算是同為料理人的前輩，我也看過很多早早就退休或私底下仍然選擇日式飲食的例子。

「我不想做出雖然好吃但卻會對身體造成負擔的料理，而且正因為料理人每天都要試料理的味道，希望放入口中的是對身體沒有負擔、會讓身體開心的東西」，從這樣的想法出發，我的挑戰開始了。

然而，餐廳的料理是以「好吃」這個評價做為最主要的價值所在，也會讓人對第一次嘗到的味道這種刺激的體驗有所期待，在開店當時，我有好幾次都想把手伸向奶油或鮮奶油。具有魅力的美味與深度的奶油或鮮奶油，以及各種調味料，要排除它們需要相當大的勇氣，但這也是為了貫徹自身信念，是我給自己的挑戰。

以蔬菜做出美味、讓蔬菜變得好吃、用好吃的蔬菜

這樣的我最後得到的是「使用蔬菜」與「技巧的進化」。

以法式料理的傳統或來自前輩們的影響為基礎，直到細部，不斷重覆地進行各種嘗試，最後創造出許多新的技法。Lumière 的餐盤上，使用各種技法所調理的蔬菜在味道構成上佔了相當大的比例，已然成為不輸給肉或魚的存在。

為了能讓更多人了解 Lumière 所展現出的蔬菜用法，以及將蔬菜美味引出的技巧，所以企劃了這本食譜。

暗號是「今天的最好是明天的最差」。
Lumière 不會在原地停滯，每天都會不斷的進化。

K Coeur 股份有限公司 代表取締役社長
Lumière 老闆兼主廚

唐渡 泰

Y.Karato

Lumière 的蔬食美味

3 個特徵

1. 使用的調味料基本上只有「鹽」和「胡椒」。

在法式料理裡，事先調味 (assaisonner) 會使用鹽與胡椒，但在 Lumière，不會將胡椒用在蔬菜上。因為會使用不同的技法將不同的蔬菜的美味引出，所以調味基本上只使用鹽。另一方面，胡椒則只使用在肉和魚上。我們使用比起辛辣，更追求芳香、風味的馬來西亞 ・ 砂拉越州所產的 Mr.Siew 胡椒，有數種種類，會依情況選擇使用。

2. 在做泥與料理時，99% 不使用奶油、鮮奶油、麵粉與砂糖。

因為「想要不使用加了會變好吃但卻會對身體造成負擔的素材，做出吃完之後會留下爽快感的料理」這個想法，我將目光放到了蔬菜上。我針對要如何減少這些在法式料理裡不可或缺的食材，卻還能做得好吃這一點進行研究，現在幾乎都不使用這些了。

3. 大加使用手持式料理棒或果汁機做出的「泥」。

Lumière 味道的關鍵就在於「泥」。在開店時使用的是桌上型果汁機，但近年因為手持式料理棒的刀刃與攪拌力進化的緣故，在需要製作少量，或是質地柔軟的東西時常常會用到。請適當的分別使用它們。此外，為了要做出柔滑的泥，建議做十人份以上的份量會比較好。

Lumière 流

讓蔬菜變美味的 7 種技法

在 Lumière，將從法式料理基本的技法裡
可以引出蔬菜本來美味的技術再加以研究，
發展為「蔬食美味」獨特的技法。
以下就以姐妹店「Lumière 大阪 KARATO」的
招牌菜「蔬菜遊樂園」為例，
介紹在一般家庭中也容易使用的 7 種技法。

01 Purée [泥]
甜椒、小松菜、
紅蘿蔔、甜菜

02 Frit [炸]
小芋頭

03 Confit [油封]
蘆筍

Lumière 大阪 KARATO(P95) 的招牌菜
「蔬菜遊樂園」

04 Vapeur [蒸]
油菜花
05 Sauté [煎]
萬願寺辣椒、金針菇、
義大利扁豆
06 Braisé [先蒸再煮]
牛蒡、蓮藕、紅蘿蔔、紅芯白蘿蔔
07 Rôti [烤]
紅皮蘿蔔、番薯、南瓜

01 Purée [泥]

「蔬食美味」的基礎

指的是將蔬菜或水果做成泥狀的東西。是 Lumière 味道基礎的技法。雖然依照蔬菜的種類有不同的方法把它們打成泥，但是基本上是將蔬菜弄軟之後再以調理機器打到滑順。重點在於加熱時盡可能的不要讓素材的美味溜走。

適合這個技法的蔬菜或目的

雖然有些蔬菜比較難做成泥、或是比較難用在料理上，但是基本上來說，所有的蔬菜和水果都可以做成泥，用來做成湯、醬汁、淋醬、配菜等，具有廣泛的用途。

如果有用不完的泥…

冷藏保存以 3 天內、冷凍保存以 1 星期內用完為基準。如果要冷凍，以製冰盒冷凍後再放入保鮮袋中會比較易於管理。冷藏、冷凍後的泥在食用前請先加熱之後再使用。

02 Frit [炸]

用高溫的油將美味凝縮

這個字的意思是「炸」，是將素材放入 100℃以上的油中弄熟的方法。藉由高溫的油加熱的方法，讓素材的水分適度的蒸發，素材表面也因熱變性而變硬，可以將營養素與美味封住。在 Lumière 會活用此特性，常將蔬菜切片不裹粉直接下鍋炸的技法。

適合這個技法的蔬菜或目的

地瓜、馬鈴薯、小芋頭、洋薑等根莖類，還有像南瓜那樣以高溫加熱，熟了之後會變軟，失去水分的切片蔬菜。

03 Confit [油封]

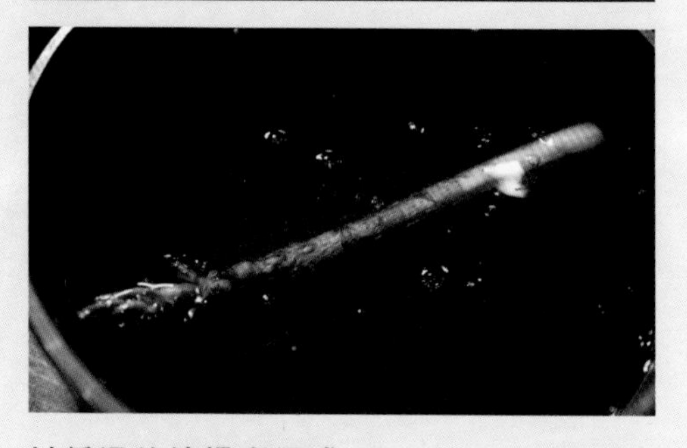

以低溫的油慢煮而成

以融化的油脂將肉類加熱殺菌，從連油脂都一起保存的技術發展而來、使用在肉類的技法。在 Lumière 指的是以約 90℃的油將蔬菜煮熟的技術。因為使用油來加熱，素材的水分與美味不會流失，能擁有鬆軟的口感，最後會將表面煎烤過，去掉多餘的油脂。

適合這個技法的蔬菜或目的

適合蘆筍或牛蒡等較不易吸油、質地緊實的蔬菜。也可以用在蓮藕或長芋等，切塊之後先浸煮再烤，作為 Braise(P09) 的前置處理。

04 Vapeur [蒸]

以蒸氣間接加熱讓蔬菜變軟

這個單字在法文裡的意思是「蒸」，利用將水加熱產生的水蒸氣的對流將素材加熱。由於是使用氣體的對流，比起同樣使用水的對流來加熱的「汆燙」、「煮」，美味和營養素較不易流失，外型也不會被破壞，可以保留素材的原味。

適合這個技法的蔬菜或目的

由於是以蒸氣間接加熱，適合葉菜類或加熱後會變脆弱的百合球根，青花菜那樣前端較細的蔬菜、切成薄片等纖細的素材。

05 Sauté [煎]

重點在於翻動次數不要過多

在法式料理中，廣義的意思是使用油脂，以大火將素材弄熟，不過在 Lumière 指的是用鐵氟龍加工過的平底鍋煎。重點在於不要變成炒菜，盡可能的不要翻動素材將兩面煎好是重點，理想的翻面次數是只翻面 1 次。

適合這個技法的蔬菜或目的

適合以低溫煎就會出水的菇類、加熱不需要什麼時間的辣椒，以及像是義大利扁豆這種容易熟、以大火煎過外型也不會崩壞的蔬菜。

06 Braisé [先蒸再煮]

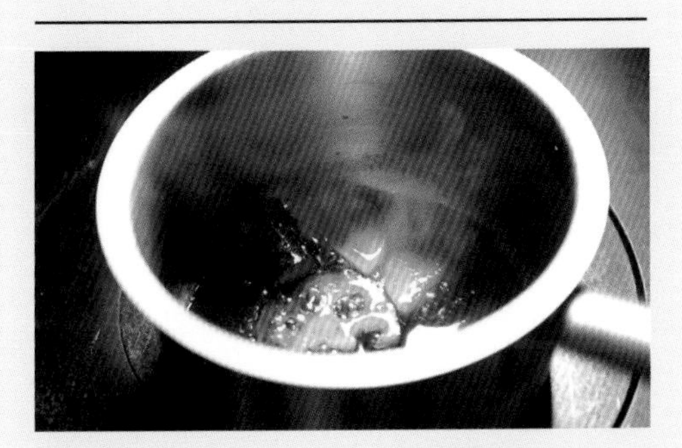

像是要拌在一起一樣，稍微炊煮

原義是將肉的表面煎過後再放入鍋中，注入剛好蓋過材料的高湯，蓋上蓋子再放入烤箱裡蒸煮。不過在 Lumière 指的是用煮到凝縮了精華的濃厚雞高湯拌在一起炊煮。由於重視蔬菜的味道，所以會在短時間內完成，不讓蔬菜吸收必要之外的高湯味道。

適合這個技法的蔬菜或目的

較大的蔬菜在油封或煎過後再進行此步驟。體積小的蔬菜有時也會直接從生的進行調理。雖然這個技法可用在所有的蔬菜上，不過因味道強烈，所以會重點式使用。

07 Rôti [烤]

將大塊蔬菜直接燒烤

與「Roast」同義，將大塊的肉或一整隻的家禽花時間用烤箱燒烤的技術。在 Lumière，需要花時間加熱的大型蔬菜，為了不要失去太多水分，會用鋁箔紙將蔬菜包起來後慢慢烤，或是烤過之後再做成泥，當成前置作業時也會採用此法。

適合這個技法的蔬菜或目的

適合馬鈴薯或洋蔥，南瓜這種大型蔬菜。此外，以水煮就會讓色素轉移到水中的甜菜，使用此法就可以在不褪色的情況下將之變得鬆軟。

Contents

前言　02

Lumière 的蔬食美味 3 個特徴　04
Lumière 流 讓蔬菜變美味的 7 種技法　06
Lumière 食譜的規則　12

14 洋蔥
[泥] 洋蔥泥　14
[基本] 連皮整顆烤洋蔥天鵝絨濃湯　15
[應用] 裝在洋蔥內的各種貝類 海潮香　16

18 紅蘿蔔
[泥] 紅蘿蔔泥　18
[基本] 半熟日本對蝦 佐生薑風味紅蘿蔔醬　19
[應用] 低溫慢煎土雞雞胸肉 無農藥有機紅蘿蔔拼盤　20

22 馬鈴薯
[泥] 馬鈴薯泥　22
[基本] 馬鈴薯天鵝絨濃湯 佐雞肉馬鈴薯 ecrase　23
[應用] 現代風馬鈴薯沙拉 重點的豔紅淋醬　24

26 高麗菜
[泥] 高麗菜泥　26
[基本] 高麗菜天鵝絨濃湯 佐焦糖高麗菜　27
[應用] 低溫調理土雞與鵝肝醬 佐各種高麗菜與雞的乳化醬汁　28

30 茄子
[泥] 茄子泥　30
[基本] 茄子天鵝絨濃湯 佐茄子與豬五花肉丸　31
[應用] 烤羔羊 茄子泥醬汁　32

34 牛蒡
[泥] 牛蒡泥　34
[基本] 牛蒡天鵝絨濃湯 上浮焦糖牛蒡　35
[應用] 自牛肉抽出的濃厚湯汁 牛蒡香　36

38 白菜
[泥] 白菜泥　38
[基本] 白菜天鵝絨濃湯 與蒸蛋　39
[應用] 白菜包干貝慕斯 佐白菜泥　40

42 白花椰菜
[泥] 白花椰菜泥　42
[基本] 法式白花椰開放三明治　43
[應用] 變化為各種形態的白花椰菜　44

46 豆
[泥] 荷蘭豆泥　46
[基本] 荷蘭豆泥天鵝絨濃湯 佐春季蔬菜　47
[應用] 充滿春天香氣的蔬菜們 以透抽提味　48

50 玉米
[泥] 玉米泥 50
[基本] 玉米冷湯 51
[應用] 玉米再構築 52

54 油菜花
[泥] 油菜花泥 54
[基本] 油菜花天鵝絨濃湯 55
[應用] 日本國產黑鮑魚與海膽 佐海潮香油菜花泥 56

58 洋薑
[泥] 洋薑泥 58
[基本] 洋薑天鵝絨濃湯 佐洋薑片 59
[應用] 柚子容器香燜松葉蟹與洋薑泥 60

62 蕪菁
[泥] 蕪菁泥 62
[基本] 純白蕪菁天鵝絨濃湯 佐焦糖烤蕪菁 63
[應用] 在蕪菁殼盛裝甲殼類精華 2 色蕪菁醬汁與魚貝類 64

66 茼蒿
[泥] 茼蒿泥 66
[基本] 茼蒿蛤蜊湯 67
[應用] 菊芋北寄貝熟肉抹醬與鵝肝 佐飽含貝類美味的茼蒿湯 68

70 蘑菇
[泥] 蘑菇泥 70
[基本] 蘑菇天鵝絨濃湯 佐各種菇類 71
[應用] 蘑菇香蒸鮮魚 72

74 小松菜
[泥] 小松菜泥 74
[基本] 小松菜冷湯 75
[應用] 小松菜 芹菜 牛蒡 白蘿蔔 以田裡的蔬菜做成了甜點…karato 主廚 76

80 草莓
[泥] 草莓泥 80
[基本] 草莓湯 佐香草冰淇淋 81
[應用] 草莓風味起司蛋糕 降下純白瑞雪 82

84 桃子
[泥] 桃子泥 84
[基本] 桃子湯 佐桃子果肉 84
[應用] 桃子・桃子・桃子 85

86 哈密瓜
[泥] 哈密瓜泥 86
[基本] 哈密瓜湯 佐哈密瓜果肉 86
[應用] 裝入哈密瓜殼的哈密瓜湯 佐奶凍 87

88 芒果
[泥] 芒果泥 88
[基本] 芒果湯 佐芒果果肉 89
[應用] 讓芒果變化成各種形態 神祕 Style 90

Lumière 基本的高湯、醬汁、淋醬 78
拜訪創造「蔬食美味」的食材現場 92
Lumière 集團所有店鋪名單 95

Lumière 食譜的規則

關於本書

本書所選用的蔬果都是一般家庭可以方便購買到的食材，每種素材的食譜分別由「泥」、「基本」及「應用」構成。
蔬菜的「泥」基本上只使用蔬菜與鹽，即使要加入副素材，也是使用像培根之類可以輕易取得的材料。使用「泥」不僅可以製作「基本」和「應用」的食譜，也很適合用來當作離乳食、照護食或回復食。
「基本」是以濃厚的蔬菜湯「天鵝絨濃湯」為主，只要有蔬菜泥的話就能簡單製作，隨著調整濃度、加入的食材，可以成為晚餐的一道湯品，也能成為宴客的佳餚。首先請先試著挑戰「泥」與「基本」的食譜吧。
而「應用」則是介紹在 Lumière 實際提供的料理。如同我在「Lumière 的蔬食美味 3 個特徵」(P04) 中所說，在幾乎不使用奶油、鮮奶油、麵粉、砂糖的情況下，使用法式料理特有的，需要花時間製作的清湯、法式高湯、高湯等料理，在全部 60 道的料理中大概佔了一成左右。當然，使用市售的顆粒高湯或高湯粉作為替代品來使用是完全沒問題的，希望各位能夠在家庭中接觸 Lumière 的世界觀、以及蔬菜深奧的魅力，實際體會到「蔬食美味」。

關於鹽的份量

人為了生存，鹽是不可或缺的，但是過度攝取就會對健康有害。會覺得清淡的食物不夠味，太鹹的東西就無法入口，都是因為味覺在保護身體。人類會覺得東西最好吃的鹽的份量，據說是佔物體體積 0.8~1% 的程度，考慮到 0.9% 是人類體內鹽分的濃度，這是相當合理的。由此來說，料理的「確實的鹽的份量」以 0.8~1% 最為理想。一開始先以 0.8% 的鹽分進行調味，試過味道之後再決定料理最後的味道是讓烹飪技術進步的祕訣。有些食材原本就含有鹽分，所使用的鹽依照種類不同也會有所變化，所以在本書中，標示鹽的份量時，原則上都以「適量」來表示。在 Lumière，使用的是玄界灘中長崎、平戶周邊的海水，在太陽與月亮的引力都達到最高時的滿月之夜汲取，以直煮式釜焚製法，花費 8 天熬製，長崎慈眼堂的「慈眼之鹽」。由於料理有使用了越多的油，就要加入越多的鹽來取得平衡的傾向，不使用過多油分的「蔬食美味」自然就能夠完成減鹽的料理。

其他規則

● 在本書中「天鵝絨濃湯」的濃度比濃湯要濃，「湯」則是指比濃湯要稀一點的濃度。
濃度依照「泥 > 天鵝絨濃湯 > 湯」的順序。冷製是以湯來表現。
● 為了讓各位在家中即使少量也能製作，攪拌器具原則上使用手持式料理棒，請準備可以剛好容納攪拌時的手持式料理棒大小的容器或附屬品。
● 本文中所記載的「鐵氟龍加工的平底鍋」，本書所使用的是朝日輕金屬工業的「All pan」。該平底鍋的熱傳導率像銅鍋一樣良好，可以降低油的使用量，所以可以做出健康的料理。
● 油漬等所使用的橄欖油，推薦使用「純橄欖油」，因為「特級冷壓橄欖油」的香味過強，不適合。
● 關於酒醋，店裡所使用的是西班牙 Forvm 公司所生產的「霞多麗酒醋」。
● 在為液體增添濃稠度時，食譜裡所記載的是一般家庭也能容易取得的玉米澱粉，不過在店裡所使用的不用加熱就能增加濃稠度的 SOSA 增黏劑「Gelespessa」。

富含甜味與香氣的必備蔬菜之王

洋蔥

當令時期	4～5月/8～10月

可以為料理帶來甜味與蔬菜特有香味的洋蔥。
在 Lumière，會先將洋蔥烤過之後再打成泥，
藉由將精華部分熬乾，可以產生更加濃密的味道。

泥

洋蔥泥

Purée d'oignons

多加幾道工夫，發現其中所含的新魅力

［材料（方便製作的份量）］
洋蔥…5 顆
鹽…適量

MEMO
具有刺激氣味與辣味的硫磺化合物「二烯丙基二硫」，一旦加熱就會變成糖度很高的丙基硫醇，如果水分再蒸發的話，又會更增加甜味。利用這些化學變化的就是如右所示的調理法。

［作法］

❶ 將洋蔥連皮用鋁箔紙包好，以 160℃的烤箱烤 30~40 分鐘。

❷ 將洋蔥橫切成 1/2，中心部分為天鵝絨濃湯用，拿起備用。

❸ 去掉皮和蒂之後，以手持式調理棒將洋蔥打成泥。

❹ 在大碗上放上鋪了廚房紙巾的篩網，將❸倒入，放置 1 小時左右，讓水分自然滴落。

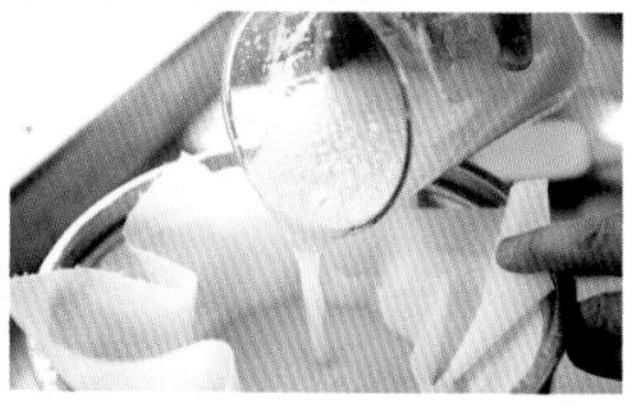

❺ 將滴到大碗裡的洋蔥水分取出，把留在篩網中的洋蔥泥放置一旁備用。

❻ 將❺的水分倒入鍋中，以中火熬到剩 1/10 的量。再將它加入洋蔥泥中，以手持式調理棒打勻，再加鹽調整味道。

基本

連皮整顆烤
洋蔥天鵝絨濃湯

Velouté d'oignons

新鮮水潤的香氣
以焦糖洋蔥做為點綴

［材料（2人份）］

洋蔥泥（P14）…260g
浮在湯中用的洋蔥（P14中所切下備用的中心部位）…2顆
鹽…適量
沙拉油…少量

［作法］

❶ 製作焦糖化洋蔥。將鹽灑在切下備用的洋蔥上後，將沙拉油倒入鐵氟龍加工過的平底鍋，開小火，仔細將洋蔥煎過，煎到洋蔥表面變褐色為止。

❷ 在洋蔥泥中加入水（不包含在份量內），調整濃湯的濃稠度，再加鹽調整味道。

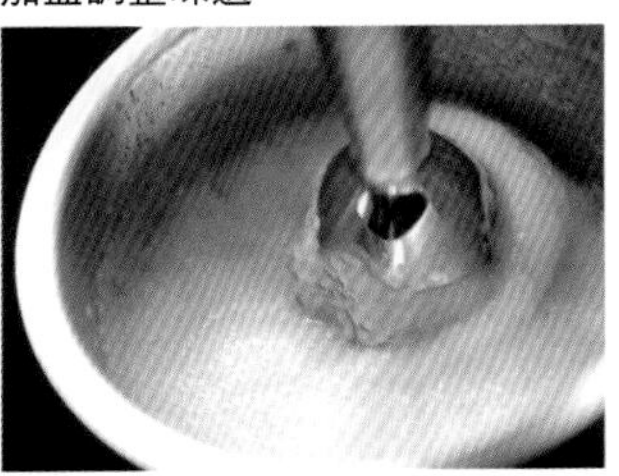

❸ 倒入湯盤中，在中央放上焦糖化的洋蔥。

應用

裝在洋蔥內的各種貝類

海潮香

Coquillages variés aux oignons, jus de coquillages

融合洋蔥穩重的甜味與貝類的鮮味

[材料（2 人份）]

洋蔥…2 顆
洋蔥泥（P14）…60g
蛤蜊高湯（P79）…50mℓ
小松菜泥（P74）…10g
水菜…10g
貝類
　北寄貝…1/4 顆
　牛角江珧蛤（切片）…2 片
　日本象拔蚌（切片）…4 片
鹽…適量

[事前準備]

●將洋蔥在連皮的狀態下用鋁箔紙包好，用烤箱以 160℃烤 30~40 分鐘。

[作法]

❶ 將完成事前準備的洋蔥從上方 1/3 的地方切開，以湯匙等工具將洋蔥挖空做成容器，灑上鹽。

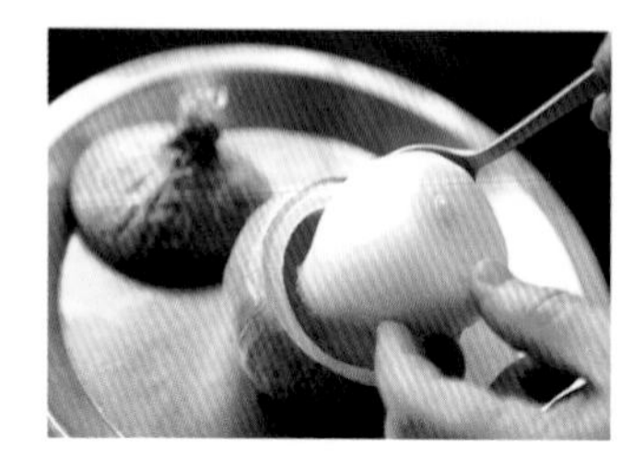

❷ 將灑了一點鹽的貝類放上烤盤，很快的煎熟。

❸ 將水菜稍微蒸一下。

❹ 在蛤蜊高湯中加入小松菜泥，調整湯的濃稠度。

❺ 將加熱過的洋蔥泥、貝類與水菜放入洋蔥做成的器皿擺盤後，再倒入❹的湯。

同時具有香氣、營養與顏色的香味蔬菜

紅蘿蔔

當令時期	4～7月/11～12月

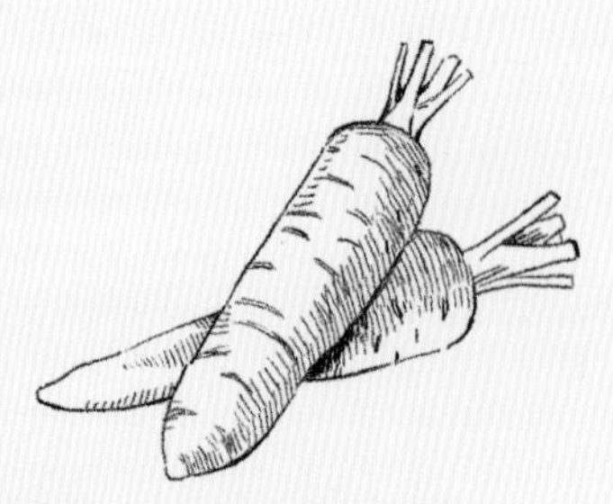

法國料理不可或缺的香味蔬菜。雖然日本國產的紅蘿蔔和法國產的比起來給人較為清爽的感覺，但是為了要給人留下印象，在做醬汁或油醋淋醬時，會加入同樣色系並且味道也很搭、熬過的柳橙汁或生薑汁。

泥

紅蘿蔔泥

Purée de carottes

以可愛的顏色，從視覺上刺激食欲

[材料（方便製作的份量）]

紅蘿蔔…2 根
鹽…適量

[作法]

❶ 紅蘿蔔削皮，從頭部劃十字，各將紅蘿蔔切成 1/4 後放入蒸盤中蒸 60 分鐘 ※。

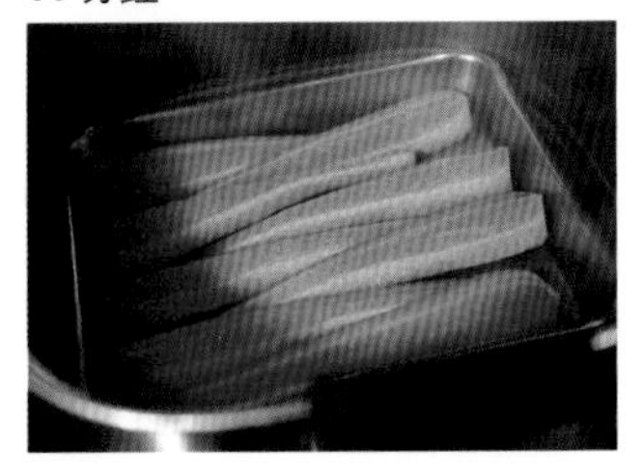

❷ 將紅蘿蔔蒸至可以用手指捏碎的柔軟程度後，以手持式調理棒打成泥，再以鹽調整味道。

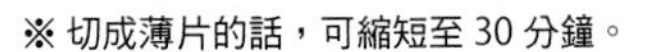

※ 切成薄片的話，可縮短至 30 分鐘。

基本

半熟日本對蝦 佐生薑風味紅蘿蔔醬

Mi-cuit de crevettes, sauce carotte au gingembre

引出紅蘿蔔甜味與香氣的漂亮前菜

[材料（2人份）]

日本對蝦…2尾
紅蘿蔔…30g
洋蔥淋醬（P79）…適量
綜合生菜…20g
鹽…適量

紅蘿蔔醬汁

紅蘿蔔泥（P18）…100g
柳橙汁…50mℓ
（熬乾前的份量）
生薑汁…2mℓ
葡萄籽油…5mℓ
鹽…適量

[事前準備]

●紅蘿蔔醬汁用的柳橙汁事先熬至大約只剩1/10的量。

[作法]

❶ 日本對蝦去腸泥，為了保持蝦體呈直線，用竹籤串起。蒸2分鐘後去頭去殼，灑上鹽。

❷ 紅蘿蔔切細絲，灑鹽，待變軟後以流動的水清洗。確實瀝乾水分之後，加入洋蔥淋醬拌勻。

❸ 以大量的水清洗綜合生菜，之後確實地瀝乾水分。

❹ 在大碗裡放入紅蘿蔔醬汁的所有材料，以手持式調理棒加以攪拌。

❺ 將紅蘿蔔絲、日本對蝦、綜合生菜盛盤，再添上紅蘿蔔醬汁。

應用

低溫慢煎土雞雞胸肉

無農藥有機紅蘿蔔拼盤

Cuisson à basse température de crevettes et volaille, déclinaison de carottes

享受紅蘿蔔各種豐富的變化與魅力

［材料（2人份）］
土雞雞胸肉… 20g
白色紅蘿蔔… 10g
油醋淋醬（P79）…適量
黃色紅蘿蔔… 10g
迷你紅蘿蔔… 1/2根
橄欖油（油封用）…適量
紫色紅蘿蔔（切片）…4片
水果番茄…1/10個
烏魚子（切片）…4片
食用花（裝飾用）…適量
香草（裝飾用）…適量
紅蘿蔔醬汁（P19）…80mℓ
鹽…適量
胡椒…適量

雞的乳化醬汁…40mℓ
（以下約10人份）
雞高湯（P78）…160mℓ
葡萄籽油…20mℓ
紅蘿蔔泥（P18）…20g
鹽…適量
胡椒…適量

番茄果凍
番茄…1/2顆
珍珠瓊脂※…2g
鹽…適量

金時紅蘿蔔的冰淋醬
金時紅蘿蔔… 30g
洋蔥淋醬（P79）…5mℓ

※由紅藻這種海藻或長角豆這種豆科種子的抽出物所做成的凝固劑。透明度高、口感柔軟是其特徵。

［作法］
❶ 雞胸肉剖開，去筋。灑上鹽、胡椒後以保鮮膜將雞肉包成圓筒型，再用鋁箔紙包住，浸泡在82～90℃的熱水中30分鐘。

❷ 白色紅蘿蔔去皮，切成5cm長度的細絲。灑鹽使之變軟後以流動的水洗過。充分瀝乾水分後與油醋淋醬拌勻。

❸ 黃色紅蘿蔔去皮後切成寬5mm的圓片，使用直徑3cm的模型取型。與連皮的迷你紅蘿蔔一起放入90℃的橄欖油中加熱約10分鐘，進行油封。

❹ 將紫色紅蘿蔔浸泡在冰水中使口感變得清脆。

❺ 水果番茄切成寬1cm的大小。

❻ ❶的雞胸肉切成厚1cm的圓片盛盤，在周圍以黃色紅蘿蔔、迷你紅蘿蔔、紫色紅蘿蔔、水果番茄、烏魚子和番茄果凍進行擺盤。淋上雞的乳化醬汁與紅蘿蔔醬汁，灑上食用花與香草。在食用之前將用手持式攪拌器打成粉狀的金時紅蘿蔔冰淋醬置於盤子其中一側。

［雞的乳化醬汁 作法］
❶ 雞高湯熬至茶褐色、產生濃稠度後關火，稍微放涼。

❷ 在❶中加入葡萄籽油以手持式攪拌器攪拌，乳化後再加入紅蘿蔔泥混合，以鹽和胡椒調味。

［番茄果凍 作法］
❶ 番茄去蒂頭，連皮切成適合的大小，以手持式攪拌器打成果汁。

❷放入鍋中，開大火煮沸，以廚房紙巾過濾。靜置1小時左右，水分便會自然滴落，將大碗所收集到的精華移到鍋裡，開火加熱，熬至量只剩原來的1/3～一半，再以鹽調味。

❸ 加入瓊脂混合，倒入淺盤後稍微放涼，之後放入冰箱中冷藏。凝固後切成1cm的塊狀。

［金時紅蘿蔔的冰淋醬 作法］
❶ 金時紅蘿蔔去皮後磨成泥，加入洋蔥淋醬混合。

❷ 倒入淺盤中放進冷凍庫冷凍半天，中途要多次取出混合。

既能成為主角，也能稱職扮演配角，在全世界都很受歡迎的蔬菜

馬鈴薯

當令時期	5～7月

受到世界各地的人們喜愛，對日本人來說也很常見的蔬菜之王。
我們的目標是製作出保留馬鈴薯風味與味道，但是黏性較低、滑順的蔬菜泥。
藉由將馬鈴薯蒸熟，以篩網過濾，得以實現理想中的口感。

泥

馬鈴薯泥

Purée de pommes de terre

趁熱過濾以得到滑順的口感

［材料（方便製作的份量）］
馬鈴薯（男爵）…3 顆
鹽…適量

MEMO
為什麼只有馬鈴薯要使用篩網過濾呢？這是因為一旦使用手持式攪拌器攪拌，馬鈴薯細胞內糊化的澱粉就會跑出來，隨著攪拌所產生的磨擦熱以及之後混入的空氣冷卻後，就會進一步糊化，產生黏性。另一方面，剛加熱過的馬鈴薯，糊化的澱粉都被鎖在細胞裡，所以趁熱用篩網過濾就不會產生黏性。

［作法］
❶ 將馬鈴薯連皮用鋁箔紙包好，用 160℃的烤箱烤 30 分鐘 ※。要做 P.23 的濃湯的話，先將做為湯料的 40g 馬鈴薯切下備用。

❷ 去皮，用篩網過濾後以鹽調味。

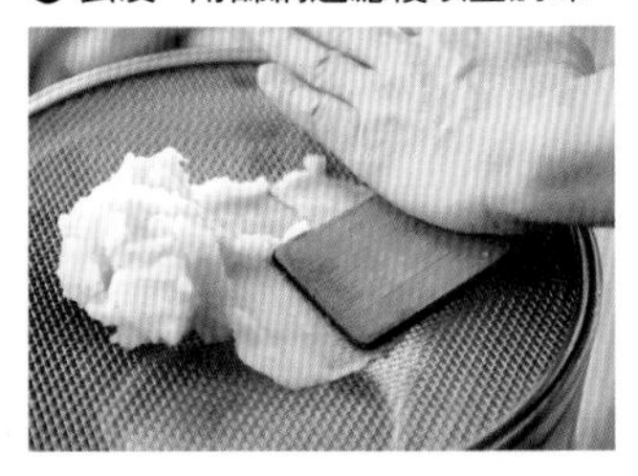

※ 在家庭內也可以使用蒸鍋蒸 1 小時。

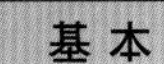

基本

馬鈴薯天鵝絨濃湯

佐雞肉馬鈴薯 ecrase※

Velouté de pommes de terre

加入雞肉的美味，令人相當滿足的一品

［材料（2人份）］

雞腿肉…40g
馬鈴薯
（P22 拿起備用的份量／浮在湯上用點綴用）…40g
馬鈴薯泥（P22）…160g
清湯（P78）…80mℓ
鹽…適量
胡椒…適量

※ecrase，法語，指的是稍微壓碎的狀態。

［作法］

❶ 以鹽和胡椒將雞腿調味，將皮朝下，使用鐵氟龍加工的平底鍋以小火將皮煎到變脆，翻面後再稍微煎一下。兩面都煎過之後放入烤箱，以160℃烤15分鐘。

❷ 將P.22製作馬鈴薯泥時拿起備用的馬鈴薯剝皮，以叉背稍微壓碎。放入以大火加熱的平底鍋中，將馬鈴薯煎到稍微上色。

❸ 將❶的雞腿肉撕碎，與❷的馬鈴薯一起用鹽調味，做為浮在湯上點綴用的湯料。

❹ 將馬鈴薯泥與清湯倒入小鍋子，開中火，加熱後以手持式調理棒調整湯的濃度，最後再以鹽調味。

❺ 將湯倒入器皿中，擺上❸的湯料。

應用

現代風馬鈴薯沙拉

重點的豔紅淋醬

Mi-cuit de calmar et crevettes, haricots variés, vinaigrette betterave

讓做成沙拉風的馬鈴薯泥成為主角

[材料（2人份）]

火蔥…5g
菊薯…5g
馬鈴薯泥（P22）…40g
洋蔥淋醬（P79）…適量
透抽…10g
牡丹蝦…2尾
青豆類
　荷蘭豆…2根
　蠶豆…3顆
　甜豌豆…2根
　豌豆…20g
荷蘭豆泥（P46）… 40g
綜合沙拉葉菜芽…適量
食用花…適量
鹽…適量
橄欖油…少量

檸檬泥…10g
（以下方便製作的份量）
檸檬（日本國產）…5顆
葡萄籽油…30mℓ
蜂蜜…5g

甜菜冰淋醬
甜菜…30g
洋蔥淋醬（P79）…5g

[作法]

❶ 火蔥切碎後泡水。菊薯切碎後蒸約1分鐘。在大碗裡放入火蔥、菊薯、馬鈴薯泥、洋蔥淋醬後混合，以鹽調味後裝入擠花袋。

❷ 荷蘭豆、蠶豆、甜豌豆去筋，以熱水燙過後立刻放入冰水中浸泡，之後去除水氣，切成5mm的小塊，拌入荷蘭豆泥後以鹽調味。

❸ 將豌豆從豆莢中取出，以熱水燙過後立刻放入冰水中浸泡，以篩網撈起，使用木鏟壓碎後灑上鹽。

❹ 透抽剝皮，稍微灑上鹽。以瓦斯噴槍烤過後切成寬5mm的寬度。

❺ 牡丹蝦剝殼後稍微灑上鹽。以抹了橄欖油、用中火加熱的鐵氟龍加工平底鍋煎過，切成5mm的小塊。

❻ 將❶擠在盤子中央，在上面和周圍以青豆類、豌豆碎片、透抽、牡丹蝦、荷蘭豆泥、檸檬泥、綜合沙拉葉菜芽和食用花擺盤。

❼ 在吃之前，用手動攪拌器攪碎，加入甜菜蘑菇。

[檸檬泥 作法]

❶ 將檸檬用水分5次煮軟後，以鋁箔紙包起，用150℃的烤箱烤90分鐘。

❷ 烤好之後去除種子，將整顆檸檬以手持式調理棒打成泥。再以葡萄籽油和蜂蜜調味。

[甜菜冰淋醬 作法]

❶ 將磨碎的甜菜加入洋蔥淋醬，將淋醬染成紅色。

❷ 把淋醬倒入淺盤，放入冷凍庫中冷凍半日，中途需取出攪拌數次。

依照季節會有所變化的甘甜葉菜

高麗菜

當令時期	3～5月/7～8月/1～3月

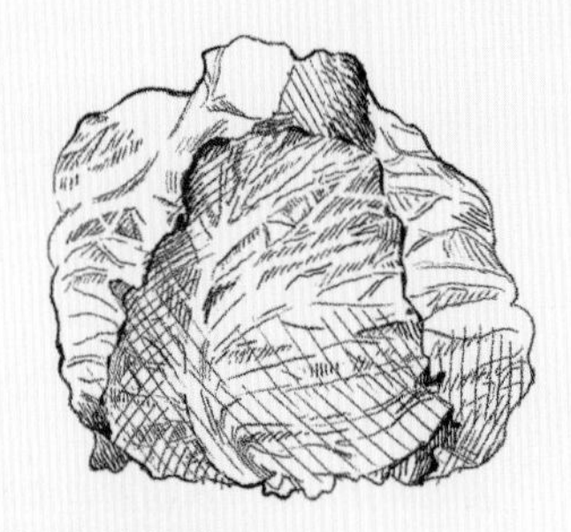

高麗菜在葉菜中雖然是糖度相當高的蔬菜，
但是為了要克服特有的青菜的氣味，在做成泥的時候
會加入與它很搭的培根的美味。味道會隨著季節而產生大幅變化是其特徵。

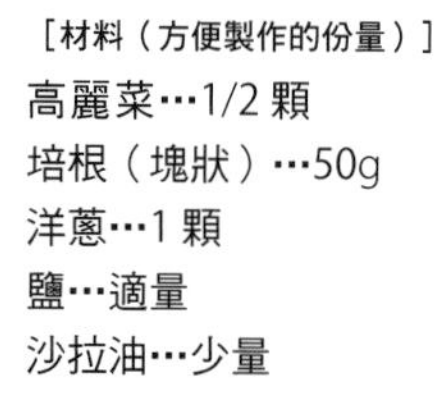

泥

高麗菜泥

Purée de chou

隨著味道的調整，可以做成湯、醬汁，甚至是蘸醬

［材料（方便製作的份量）］

高麗菜…1/2 顆
培根（塊狀）…50g
洋蔥…1 顆
鹽…適量
沙拉油…少量

MEMO

培根的量與高麗菜一樣多的話，即可做成培根泥。可做為蔬菜的沾醬等用途。如果是甜味較強的春季高麗菜，甚至可以不添加培根，做成只有高麗菜的泥。

［作法］

❶ 高麗菜切大塊。培根切成 1cm 寬的棒狀，洋蔥切成4~5mm的薄片。

❷ 將經過鐵氟龍加工的平底鍋以小火加熱，倒入沙拉油，注意不要將培根與洋蔥炒到變色，炒至洋蔥變軟。

❸ 將高麗菜加入❷，待高麗菜炒軟後灑鹽，蓋上鍋蓋以小火加熱直到鍋中食材咕嘟作響。

❹ 以手持式調理棒將❸打成泥。

基本

高麗菜天鵝絨濃湯

佐焦糖高麗菜

Velouté de chou

濃縮的甜味與培根的美味所產生的共鳴

［材料（2人份）］

高麗菜…1/16顆
高麗菜泥（P26）…180g
鹽…適量
沙拉油…少量

［作法］

❶ 製作焦糖高麗菜。將經過鐵氟龍加工的平底鍋以小火加熱，倒入沙拉油後將高麗菜的兩面仔細煎過，上色之後灑上鹽。

❷ 將高麗菜泥倒入小鍋子以小火加熱，加入少量的水（不包含在份量內）調整湯的濃度，以鹽調味。

❸ 將湯倒入器皿中，擺上焦糖高麗菜。

應用

低溫調理土雞與鵝肝醬

佐各種高麗菜與雞的乳化醬汁

Suprême de volaille et foie gras, sauce jus incolore

將味道很搭的高麗菜與雞肉升華成餐廳內的一道料理

［材料（2人份）］
土雞雞柳…60g
鵝肝醬…20g
蘑菇…100g
高麗菜…50g
高麗菜泥（P26）…20g
炸高麗菜…20g
甜菜絲（紅、黃）…各10g
黑豆…40g
香菇泥（P70）…10g
鹽…適量
胡椒…適量
沙拉油…少量

油封牛蒡
牛蒡…30g
橄欖油…適量

黑粉…2g
（以下方便製作的份量）
大豆粉…35g
蓮藕粉…17g
榛果粉…10g
竹炭粉…1g
啤酒…25mℓ

雞的乳化醬汁…24mℓ
（以下約10人份）
雞高湯（P78）…100mℓ
葡萄籽油…20mℓ
鹽…適量
胡椒…適量

［事前準備］
- 將牛蒡放入90℃的橄欖油中靜置1小時，做成油封牛蒡。
- 甜菜絲稍微泡過水之後備用。
- 以手持式調理棒將黑粉的所有材料混合後鋪在烤盤上，以170℃烤15~20分鐘，盡可能烤到乾燥。烤好後再以手持式料理棒打成粉末狀。

［作法］

❶ 雞柳去筋，灑鹽後捲成圓筒型以保鮮膜包住成型，再包上鋁箔紙。放入煮沸的熱水後立刻關火，就這樣靜置30分鐘。

❷ 蘑菇切成碎塊。使用經過鐵氟龍加工的平底鍋，以小火將蘑菇炒至沒有水分為止，再以鹽調味。

❸ 高麗菜切絲，平底鍋裡倒入少量的油，注意不要將高麗菜炒到變色，以小火將高麗菜炒至沒有水分，再灑上鹽。

❹ 用水將黑豆煮到變軟。一半的黑豆切成1/2備用，剩下的一半以手持式調理棒打成泥狀後加鹽。

❺ 將事前準備裡做好的油封牛蒡灑上黑粉，切成1cm寬。

❻ 製作雞醬汁。將葡萄籽油加入雞高湯內，以手持式調理棒攪拌使之乳化。變得濃稠之後以鹽和胡椒調味。

❼ 將❶的雞柳切成寬3cm的厚度，擺入盤中，放上切成薄片的鵝肝醬，❷的蘑菇，再以高麗菜泥和炸高麗菜裝飾。

❽ 在❼的旁邊放上❸的高麗菜，在上面放上甜菜絲裝飾。

❾ 在黑豆底下鋪黑豆泥、油封牛蒡底下鋪香菇泥，各自像是畫點描畫一樣的盛盤。

❿ 淋上❻的雞醬汁即告完成。

可以使用各種方式調理，以及低糖低熱量的這兩點很令人開心

茄子

當令時期	6～9月

煎、煮、炒、炸 ... 可以用各種調理法進行調理的茄子。
Lumière 的茄子泥是使用小火，注意不要燒焦，以平底鍋細細加熱，
不以香味，而是很直接的展現茄子的特徵。

泥

茄子泥

Purée d'aubergines

可以直接嘗到茄子平穩的風味

［材料（方便製作的份量）］

茄子…3 根
鹽…適量
沙拉油…少量

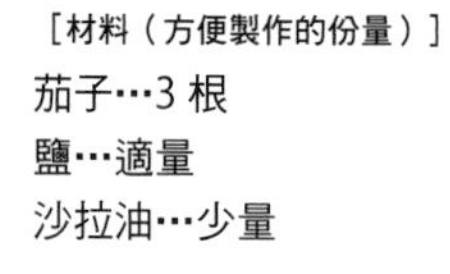

［作法］

❶ 以刀尖輕刺茄子，在表面開洞。

❷ 使用經過鐵氟龍加工的平底鍋，開小火，倒入沙拉油，將茄子放入後蓋上鍋蓋。

❸ 不時搖動平底鍋，當茄子皮起皺，軟到用手可以揉碎的時候，將茄子放入冰水中，剝皮。

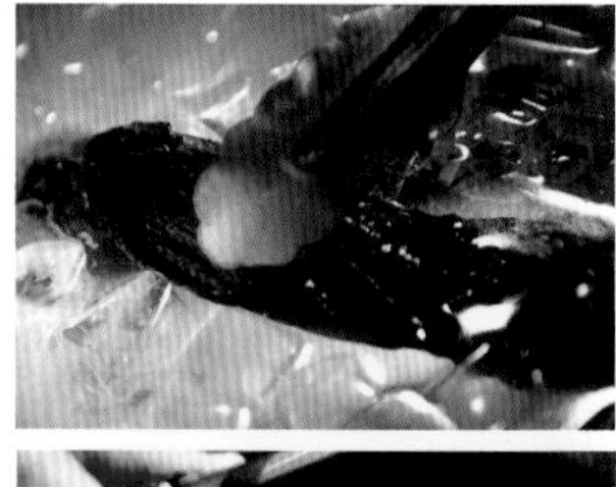

❹ 以手持式調理棒將茄子打成泥後加鹽調味。

基本

茄子天鵝絨濃湯

佐茄子與豬五花肉丸

Ecrasé d'aubergines à la poitrine de porc, purée d'aubergines

加入生薑的肉丸成為亮點

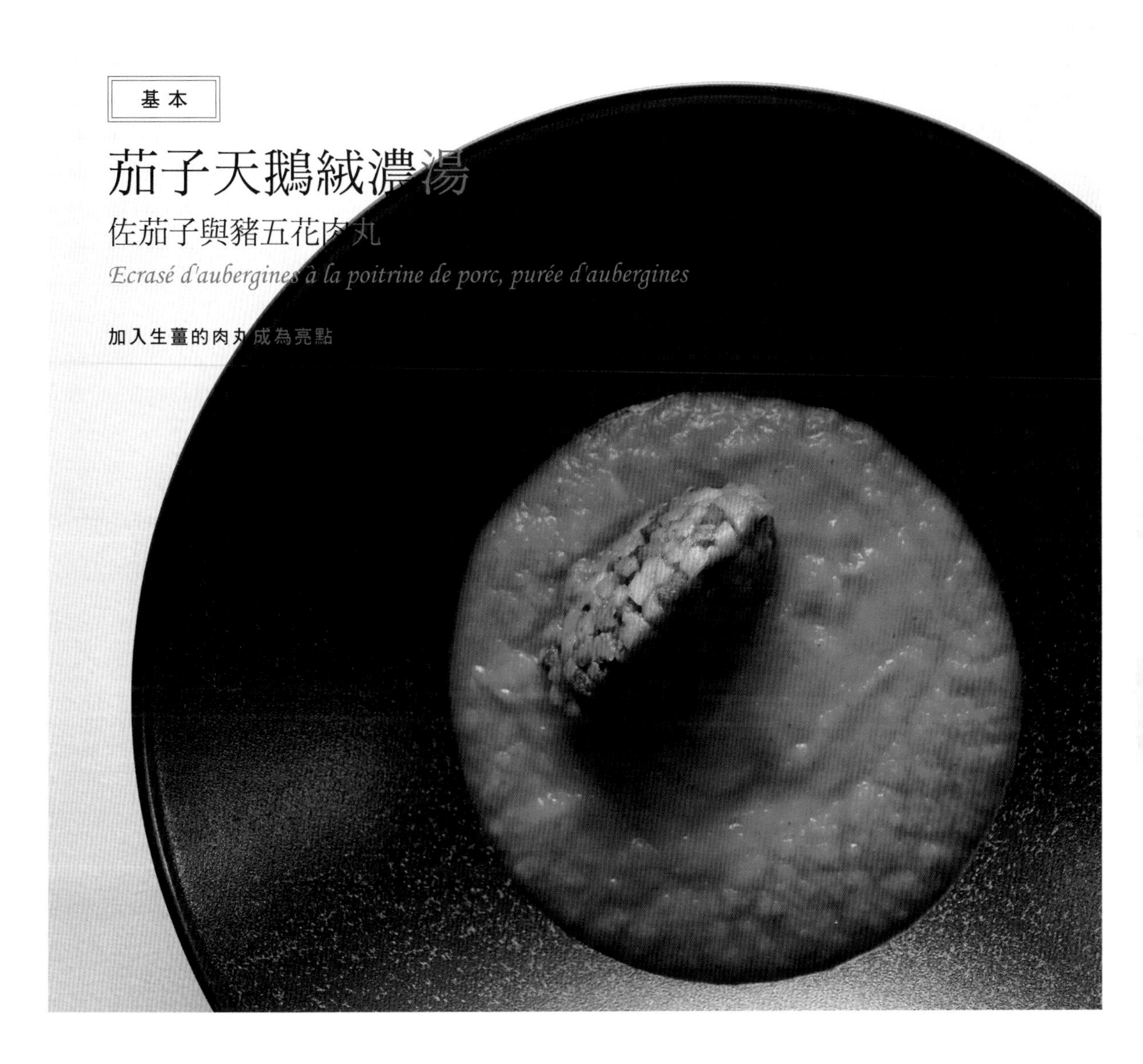

［材料（2人份）］

茄子泥（P30）…240g
鹽…適量

茄子 quenelle※1
茄子…40g
豬五花肉（塊狀）※2…40g
茄子泥（P30）…適量
生薑汁…少量
鹽…適量
胡椒…適量
沙拉油…少量

※1 quenelle，意為小的橄欖球狀。
※2 豬五花肉亦可使用培根代替。

［作法］

❶ 將茄子泥放入小鍋中以小火加熱，加入少量的水（不包含在份量內）調整湯的濃度，以鹽調味。

❷ 製作茄子 quenelle。將豬五花切成 8mm 的立方體，灑上鹽和胡椒，使用經過鐵氟龍加工的平底鍋，像是要將油逼出來一樣將肉煎至酥脆後取出。

❸ 茄子撥皮後切成 8mm 的立方體，灑上鹽，平底鍋倒入少量沙拉油，以小火煎，小心不要讓茄子煎到變色。

❹ 將豬五花肉與茄子放入大碗中，加入茄子泥與薑汁拌勻。

❺ 將❶的濃湯倒入湯碗中，再擺上❹的茄子 quenelle。

應用

烤羔羊 茄子泥醬汁

Agneau rôti à l'aubergine

強調醬汁與一起盛盤的蔬菜泥才是主角

［材料（2人份）］
羔羊肉…120g
茄子泥（P30）…60g
香草、食用花…各適量
茄子皮粉末…適量
鹽…適量
胡椒…適量

蔬菜泥醬汁…各4mℓ
（以下方便製作的份量）
紅色甜椒…1顆
黃色甜椒…1顆
甜菜…1顆
根芹菜…200g

kadaif球
芹菜…3g
馬鈴薯泥（P22）…20g
kadaif※…適量
鹽…適量

小芋頭與牛蒡千層派
小芋…30g
牛蒡…10g
橄欖油（油封用）…適量
牛蒡泥（P34）…適量
鹽…適量
沙拉油…少量

壓碎白花椰菜
白花椰菜…40g
小松菜泥（P74）…適量
沙拉油…少量

※ 一種以麵粉和玉米穀粉為主成分，做成條狀的麵團。

［事前準備］
● 茄子皮粉末的作法為將茄子的皮放入蔬菜乾燥機乾燥一個晚上之後，以果汁機打碎。

［作法］
❶ 製作蔬菜泥醬汁。紅、黃甜椒整顆以160℃烤30分鐘後剝皮，以手持式調理棒各自打成泥。甜菜也以一樣的溫度烤2小時，再用手持式調理棒打成泥狀。根芹菜去皮後切成寬1cm的薄片，蒸至變軟，再以手持式調理棒打成泥狀。

❷ 製作kadaif球。芹菜去筋後切碎，稍微蒸至還保留口感的程度。與馬鈴薯泥拌勻後用鹽調味，揉成直徑約2cm的球狀。kadaif放在烤盤中以180℃烤10分鐘，烤至上色後取出，將之分散，弄碎後沾在球的表面。

❸ 製作小芋頭與牛蒡千層派。小芋頭與牛蒡以90℃的熱橄欖油加熱至變軟，之後做成油封。小芋頭切成寬5mm的圓片後灑上鹽，牛蒡切成5mm的寬度後與牛蒡泥拌勻，灑鹽。用牛蒡將小芋頭夾住，包上保鮮膜後放入冰箱靜置10分鐘以上。之後使用經過鐵氟龍加工的平底鍋，倒入少許沙拉油後開中火，將之煎到上色。

❹ 製作壓碎白花椰菜。將白花椰菜切碎，以倒入少量沙拉油的平底鍋用小火炒，小心不要把花椰菜炒到上色，之後以鹽調味。加入小松菜泥，讓花椰菜變成微微的綠色。

❺ 羔羊肉灑上鹽、胡椒，用以中火加熱過的平底鍋煎表面。表面煎至變硬後放入烤箱，以150℃的低溫烤30分鐘。靜置讓肉休息10分鐘左右，呈玫瑰色後切成容易入口的大小。將平底鍋裡煎肉時所產生的汁液稍微煮乾，作為醬汁。

❻ 於盤中鋪上茄子泥，在上面放上❺的羔羊肉。在周圍均衡地擺上❸和❹、香草及食用花，再以❶的各種醬汁進行點描裝飾，最後灑上茄子皮粉末和胡椒。

滋味深奧而富有營養，日本特有的根菜

牛蒡

當令時期	4～5月/11～1月

因為含有豐富的食物纖維，汆燙之後光只用手持式調理棒無法打成滑順的蔬菜泥，一直到近年為止都還是不斷進行各種嘗試的蔬菜之一。
切成薄片以斬斷纖維，並以洋蔥和馬鈴薯補足舌頭的觸感與美味。

泥

牛蒡泥

Purée de bardane

連皮一起使用，將根菜的滋味濃縮成泥

［材料（方便製作的份量）］

牛蒡…4 根
洋蔥…1/2 顆
馬鈴薯…1/2 顆
水…200㎖
鹽…適量
沙拉油…少量

MEMO

從一泡水就會變色這點可以知道，牛蒡的皮含有以多酚為首的多種營養素和風味、美味。因此，不削去太多的皮是進行事前處理時必須遵守的鐵則。

［作法］

❶ 牛蒡在連皮的狀態下用棕刷刷去泥土，切成 1mm 的薄片。洋蔥和馬鈴薯去皮，切成厚4~5mm的片狀。

❷ 將鐵氟龍加工過的平底鍋以小火加熱，倒入沙拉油，將牛蒡與洋蔥放入鍋中炒 2~3 分鐘，灑鹽調味。

❸ 加水以小火燉煮，煮到牛蒡用手即可捏碎的程度後加入馬鈴薯，以小火再繼續加熱 10 分鐘。

❹ 以手持式調理棒打成泥。

基本

牛蒡天鵝絨濃湯

上浮焦糖牛蒡

Velouté de bardane

少量的雞高湯與根菜野趣間的調和

［材料（2人份）］

牛蒡…30g
牛蒡泥（P34）…160g
雞高湯（P78）…15ml
鹽…適量
沙拉油…少量

［作法］

❶ 製作焦糖牛蒡※。牛蒡在連皮的狀態下用棕刷刷去泥土，切成8mm的厚度。將沙拉油倒入鐵氟龍加工過的平底鍋，把牛蒡的切面朝下，以小火仔細煎到上色，再灑上鹽。

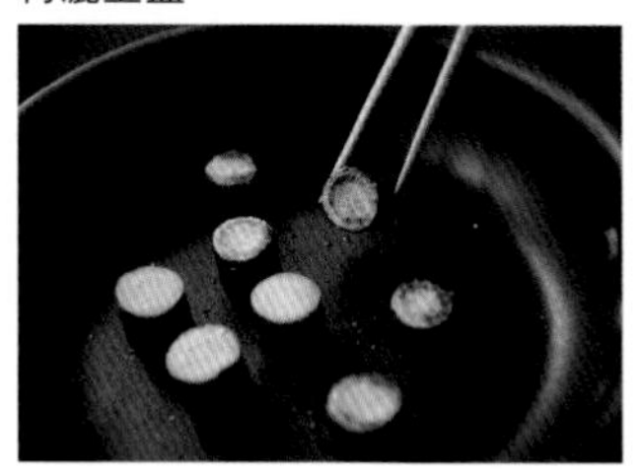

❷ 將牛蒡泥倒入小鍋子中，開小火。加入雞高湯與水（不包含在份量內），以手持式調理棒攪打，調整濃湯的濃度之後再以鹽調味。

❸ 將❷的濃湯倒入湯碗，再放上❶的焦糖牛蒡使之浮在湯面上。

※焦糖牛蒡若是使用P28的油封牛蒡來製作會更好吃。

應用

自牛肉抽出的濃厚湯汁
牛蒡香

Foie gras en croûte, consommé au parfum de bardane

隱藏著秋冬味覺之美的幸福之湯

［材料（2人份）］
牛蒡泥（P34）…30g
牛肉清湯（P78）…160㎖
銀杏（去殼與薄皮）…4顆
金針菇…20g
鵝肝…40g
鹽…適量
胡椒…適量
沙拉油…少量

百合麵疙瘩
百合球莖…60g
米穀粉…適量
蛋白…適量
鹽…適量

麵包 ※
全麥粉…100g
低筋麵粉…100g
小麥麩粉…40g
蛋白…1顆
水…70㎖

※ 亦可使用鋁箔紙代替麵包當作蓋子使用

［作法］

❶ 將麵包需要的粉類全部放入大碗中，水和蛋白分數次一邊加入一邊用手揉以製作麵團。粉的感覺消失之後擀成5mm的厚度，再擀成和盛湯器皿的圓周差不多大的大小。

❷ 製作百合麵疙瘩。將百合球莖的鱗片剝下，蒸到用手指可以揉碎的程度再弄成泥狀。與米穀粉和蛋白混合，用鹽調味後做成一口大小的圓球狀。

❸ 銀杏以刀面等物壓扁，將沙拉油倒入用小火加熱的鐵氟龍加工平底鍋，煎到上色、產生香味，再灑鹽。

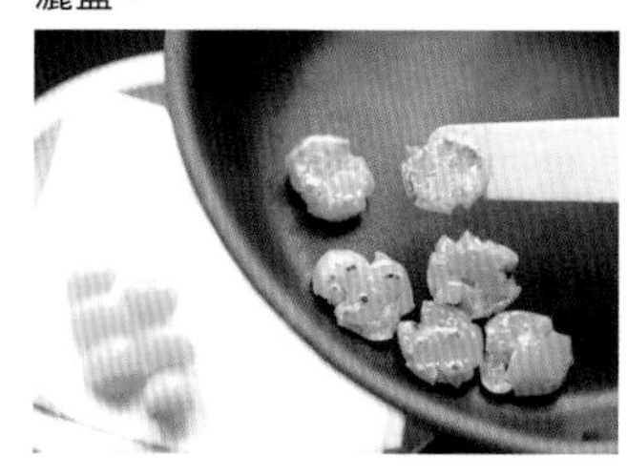

❹ 在耐熱烤盅裡放入清湯、牛蒡泥、百合麵疙瘩、金針菇。蓋上❶的麵團形成密封狀態後，用200℃的烤箱烤8分鐘。

❺ 平底鍋以大火加熱，將灑上鹽和胡椒的鵝肝放入鍋中煎過，將兩面煎至稍微上色。烤盅自烤箱中取出後掀起麵包做的蓋子，將鵝肝放入後再蓋上，以餘熱保溫。在要吃之前才把蓋子拿掉。

充滿美味的成分與麩胺酸

白菜

當令時期	11～2月

含有豐富麩胺酸的白菜，
只要慢慢烹煮，美味與甜味都會更上一層樓。
著眼於它不輸給清湯的有力美味，在 Lumière 是甚至會用來做料理醬汁的可靠蔬菜。

泥

白菜泥

Purée de chou chinois

其魅力在於美味、甜味與可愛的色彩

［材料（方便製作的份量）］
白菜…1/4 顆
鹽…適量
沙拉油…少量

MEMO
Lumière 主要使用美味與甜味較強、質地柔軟的「Orange Queen」白菜，最後完成的顏色也很漂亮，所以推薦大家使用。

［作法］
❶ 白菜切大塊。

❷ 以小火加熱鐵氟龍加工過的平底鍋，倒入沙拉油後放入白菜下去炒。灑鹽，待白菜像出汗那樣滲出水分後蓋上鍋蓋燜炒。

❸ 待白菜變得可以用手揉碎般那樣柔軟後關火，以手持式調理棒打成泥。

基本

白菜天鵝絨濃湯

與蒸蛋

Velouté de chou chinois royal

感受白菜不輸給蒸蛋的美味實力

［材料（2人份）］

白菜…60g
白菜泥（P38）…120g
鹽…適量
沙拉油…少量

royale※…80g
（以下方便製作的份量）
卵…1顆
牛肉清湯（P78）…75mℓ
豆漿…25mℓ
鹽…適量

※ 像是法式茶碗蒸的食物。

［作法］

❶ 將royale的材料全部放入大碗中混合後以鹽調味。在耐熱烤盅裡分別倒入1人份40g，包上保鮮膜，放入蒸籠蒸8分鐘。

❷ 白菜切成4~5mm，鐵氟龍加工過的平底鍋開小火，倒入沙拉油，注意不要讓白菜變色，炒到白菜變軟，以鹽調味。

❸ 將白菜泥放入小鍋子，加入少量的水（不包含在份量內）調整濃湯的濃度，再以鹽調味。

❹ 將加熱的濃湯倒在royale上，再放上炒過的白菜。

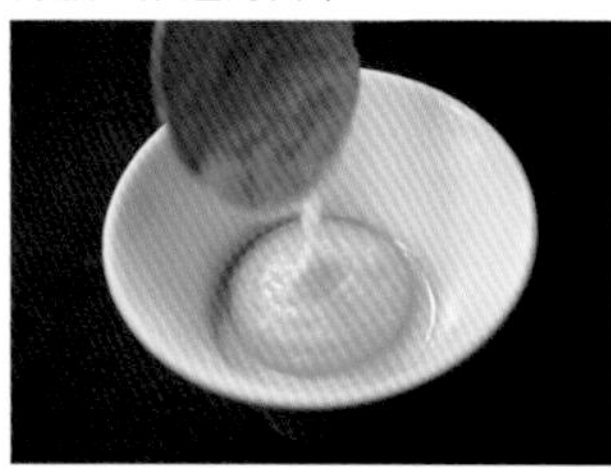

應用

白菜包干貝慕斯

佐白菜泥

Saint-Jacqus en croûte à la mousse de chou chinois, purée de chou chinois

輕柔的口感很容易入口，適合用來招待客人的一品

［材料（2人份）］
白菜（外葉）…2片
白菜泥（P38）…30g
高麗菜嬰…2顆
百合球莖（鱗片）…4片
紅莖菠菜…2株
旱金蓮※…2片
鹽…適量
沙拉油…適量

干貝慕斯
干貝…85g
蛋白…1/2顆
加了豆漿的鮮奶油…40mℓ
鹽…適量

※旱金蓮可用綜合沙拉葉代替。

［作法］
❶將白菜菜葉很快的燙過。

❷製作干貝慕斯。在干貝上灑鹽後以手持式調理棒攪打，打到變細之後加入蛋白後再繼續攪打。之後移到大碗中，隔著冰水一邊冷卻一邊加入加了豆漿的鮮奶油混合，之後裝入擠花袋。

❸在鋪好的保鮮膜上放上❶的白菜，將❷的慕斯擠上去。將白菜用保鮮膜捲成棒狀，放入蒸籠蒸大約8分鐘。

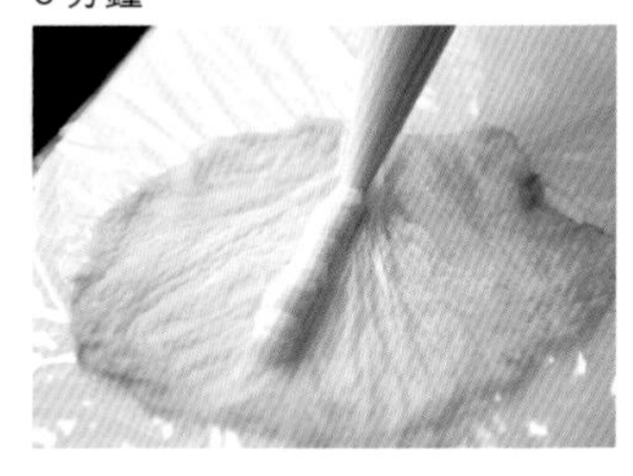

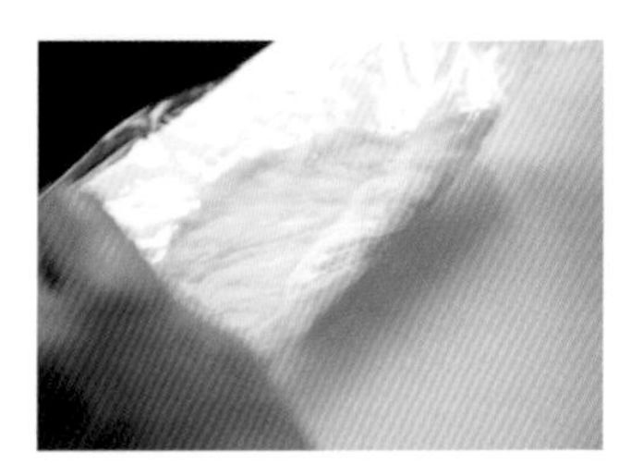

❹高麗菜嬰切成3~4mm的薄片，用較多的油半煎半炸，之後灑上鹽。

❺百合與紅莖菠菜很快的燙過後灑上鹽。

❻將❸擺在盤子中央，上面放上❹與旱金蓮，最後再加上白菜泥、❺的百合和紅莖菠菜。

造型美與色彩美兼備的美人蔬菜

白花椰菜

當令時期	11～3月

雖然味道清淡，但只要加熱就會有鬆軟的口感及美麗的色彩，
以獨特的造型引發料理人想像力的白花椰菜。
能使用各種方法調理享用也是其魅力之一。

泥

白花椰菜泥

Purée de chou fleur

洗練的乳白色能襯托料理或器皿

[材料（方便製作的份量）]

白花椰菜…1個
水…約150mℓ
鹽…適量
沙拉油…少量

MEMO

在選擇花椰菜時，要選花蕾密集、顏色白、雖然小但拿起來有重量的。白花椰菜不耐高溫，要保存的話需用保鮮膜包起來再放入冰箱。保存期間一旦拉長，花就會變得帶有咖啡色，建議在花還是白色的時候就加以使用。

[作法]

❶ 白花椰菜大致切成適當的大小。

❷ 將油倒入鐵氟龍加工過的平底鍋，開小火，放入白花椰菜，灑鹽。因為白花椰菜容易焦掉，所以要用木質鍋鏟從鍋底翻起，進行翻炒，水分成數次加入後蓋上鍋蓋，一邊觀察注意不要燒焦，一邊燜煮。

❸ 煮到用手就能揉碎的程度後，使用手持式調理棒打成泥。

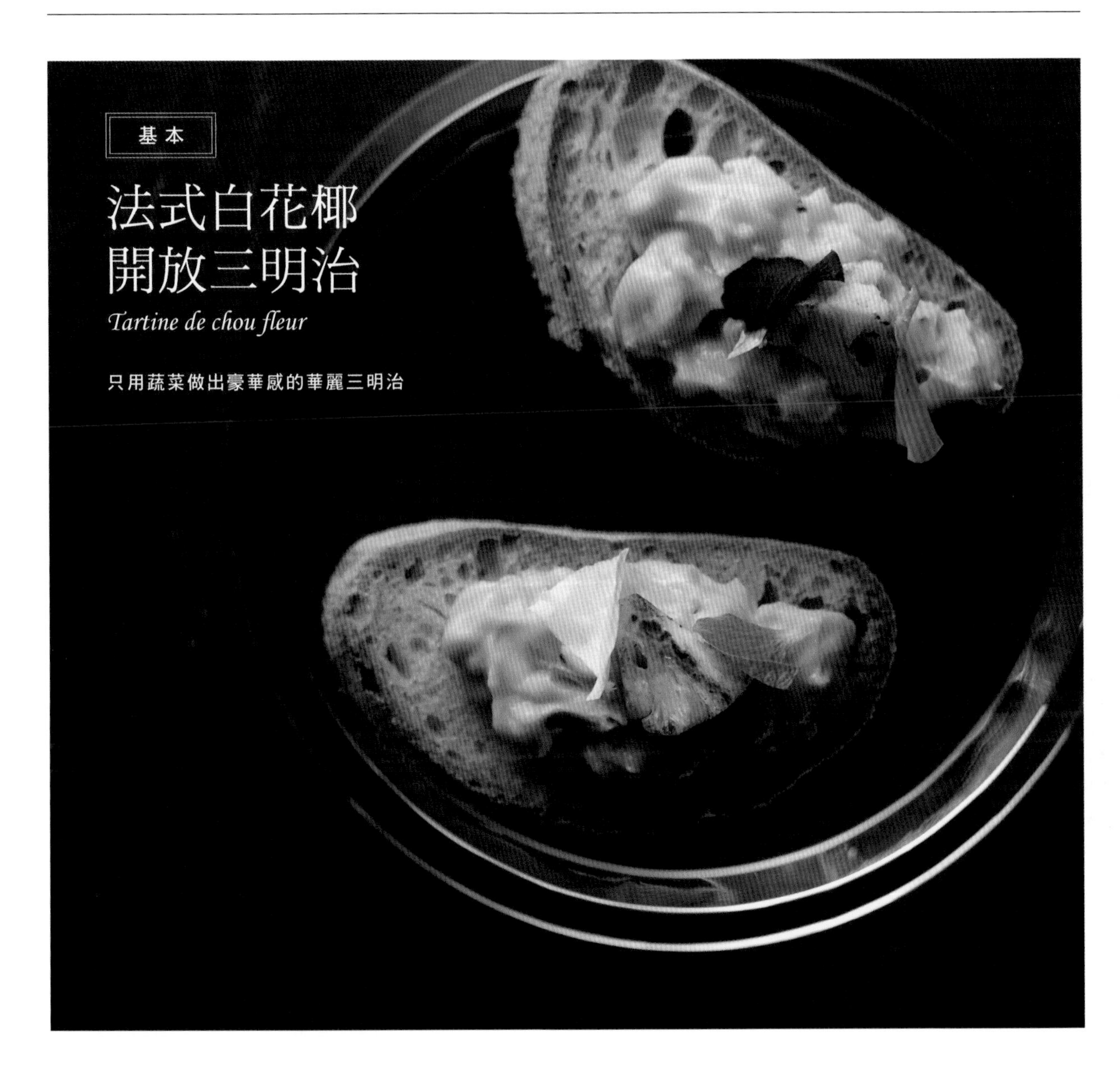

基本

法式白花椰開放三明治

Tartine de chou fleur

只用蔬菜做出豪華感的華麗三明治

［材料（2人份）］

白花椰菜
（1朵約1cm大小）…24朵
白花椰菜泥（P42）
…40g
法式長棍麵包
（切成2mm厚度的薄片）
…4片
食用花…適量
鹽…適量
沙拉油…少量

［作法］

❶ 將油倒入鐵氟龍加工過的平底鍋，把白花椰菜放入鍋中以小火煎，小心不要燒焦，灑鹽。

❷ 將❶裡其中4朵花椰菜作為裝飾用的拿起備用，其餘和白花椰菜泥混合後以鹽調味。

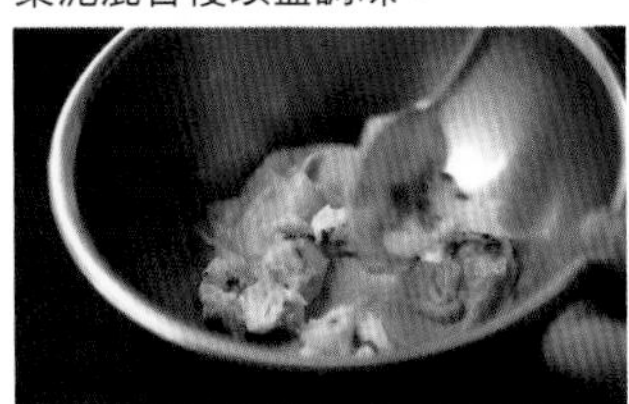

❸ 將❷放在烤得酥脆的法式長棍麵包上，再擺上白花椰菜和食用花裝飾。

應用

變化為各種形態的白花椰菜

Sphére de calmar, déclinaison de chou fleur

以各種質感來品嘗白花椰菜

[材料（2人份）]

白花椰菜（用來煎／1朵2cm大小）…6朵
白花椰菜（切片用／1朵3cm大小）…1朵
白花椰菜（粉末用）…適量
白花椰菜泥（P42）…20g
鹽…適量
沙拉油…少量

白花椰菜凍

白花椰菜泥（P42）…30g
珍珠瓊脂…6g
鹽…適量

花枝球

花枝…10g
火蔥…5g
馬鈴薯泥（P22）…25g
豌豆…2g
白酒醋…適量
鹽…適量

[作法]

❶ 製作白花椰菜凍。在小鍋子裡放入做果凍用的白花椰菜泥，再加入水（不包含在份量內）稀釋至2倍，以鹽調味。開小火煮到稍微沸騰，加入瓊脂混合。趁熱將之倒入淺盤中靜置，凝固後用大、中、小的模子分別壓出形狀。

❷ 將油倒入鐵氟龍加工過的平底鍋，把用來煎的白花椰菜放進鍋中，以小火煎至上色，灑鹽。

❸ 將切薄片用的白花椰菜用薄片器削成薄片，泡水備用。

❹ 製作花枝球。將花枝去皮去軟骨後仔細洗淨，很快的燙過之後切成3mm的塊狀，火蔥切碎後泡水備用。

❺ 將去除水氣的火蔥與花枝、馬鈴薯泥放入大碗中混合，以白酒醋和鹽調味，做成4顆，每顆約10g重的球狀。

❻ 將豌豆從豆莢中取出，以熱水煮過，之後放入冰水中，去薄皮後大致切碎，灑在❺上。

❼ 將❶❷❸各種白花椰菜注意均衡的排放在盤中，再放上花枝球。以白花椰菜泥進行點描裝飾，最後將粉末用的白花椰菜用起司刨絲器磨成粉末灑上。

具有豐富營養與個性，春夏季節的風物詩

當令時期	4～8月

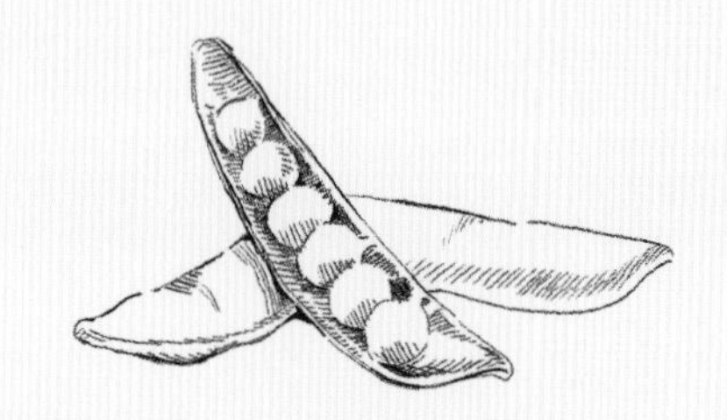

營養價值高且種類豐富，只要乾燥也能久放的豆類，是受到世界各地喜愛的貴重食材。春天有蠶豆或豌豆、夏天有毛豆或四季豆 .... 每個季節都有各種各有個性的豆類。隨種類或外型、口感的不同，豆類可以讓全餐料理富有變化，也是能給予人強烈季節感的重要存在。

泥

荷蘭豆泥

Purée de pois

使用連豆莢都能食用的荷蘭豆來製作

［材料（方便製作的份量）］

荷蘭豆…20 根
小蘇打粉…1 ℓ 的水對 1g
鹽…適量

MEMO

選用荷蘭豆製成泥，是因為它連豆莢都能吃，並且在將各種豆子做成泥之後，這是最好吃的。因為將含有水分的豆莢一起打成泥的關係，可以做出滑順的口感。

［作法］

❶ 荷蘭豆去筋。放入加了小蘇打粉並且煮滾的水中煮到用手指可以揉碎的程度。

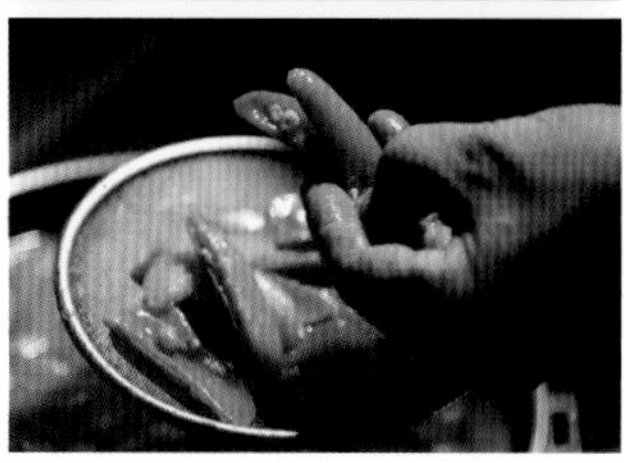

❷ 將荷蘭豆放入冰水中，之後確實的去除水分，再使用手持式調理棒打成泥，以鹽調味。

基本

荷蘭豆泥天鵝絨濃湯

佐春季蔬菜

Velouté de pois aux légumes de printemps

讓人感受到繽紛春天的鮮豔綠色

［材料（2人份）］

荷蘭豆泥（P46）…180g
荷蘭豆…4根
油菜花…2根
蠶豆…2個
鹽…適量
沙拉油…少量

［作法］

❶ 在荷蘭豆泥中加水（不包含在份量內），調整濃度，再以鹽調味。

❷ 將油倒入鐵氟龍加工過的平底鍋，把去筋的荷蘭豆放入鍋中用小火煎過，灑鹽。

❸ 將油菜花蒸至花的顏色變鮮豔、莖變軟，灑鹽。

❹以略弱的中火將蠶豆連豆莢一起煎。煎到表面上色、皮起皺為止。之後去除豆莢與皮，灑鹽。

❺ 將加熱後的❶倒入湯盤中，再放上荷蘭豆、油菜花與蠶豆。

應用

充滿春天香氣的蔬菜們

以透抽提味

Calmars variés aux légumes de printemps

春天熱鬧的腳步濃縮在一盤中，讓人食指大動

［材料（2人份）］

蠶豆…10顆
義大利扁豆…1根
豌豆…20g
四季豆…2根
透抽…20g
荷蘭豆泥（P46）…40g
鹽…適量
沙拉油…少量

韃靼螢烏賊
螢烏賊（水煮）…40g
油醋淋醬（P79）…適量
巴沙米可醋…適量

豆填日本鎖管
日本鎖管…2隻
豌豆…10g
四季豆…10g
荷蘭豆泥（P46）…適量
鹽…適量
沙拉油…少量

油封蘆筍
蘆筍…1根
橄欖油（油封用）…適量
鹽…適量

豆類泡沫
牛奶…100mℓ
荷蘭豆泥（P46）…20g
大豆卵磷脂粉…5g

［作法］

❶ 開略弱的中火，用鐵氟龍加工過的平底鍋將蠶豆連豆莢一起煎。表面煎到上色後，再繼續煎到皮起皺。將蠶豆從豆莢中取出，灑鹽，豆莢放置一旁備用。

❷ 義大利扁豆、四季豆切成一口大的大小，平底鍋裡倒入少量的油，開小火，將豌豆和其他兩種豆類仔細煎過，灑鹽，讓它們焦糖化。

❸ 製作韃靼螢烏賊。將螢烏賊去掉眼睛、軟骨與嘴部後切碎。在大碗裡放入螢烏賊、油醋醬與巴沙米可醋混合拌勻。

❹ 製作豆填日本鎖管。將少量沙拉油倒入平底鍋，開小火，將豌豆與切成2~3mm寬度的四季豆仔細煎過使之焦糖化，再與荷蘭豆泥拌勻。

❺ 日本鎖管去皮、去內臟後洗淨，去除軟骨與嘴部，腳的部分灑鹽後以中火煎過。

❻ 在日本鎖管的身體裡填入❹，以牙籤封口後灑鹽。平底鍋加熱後倒入少許沙拉油，以中火煎。煎至日本鎖管的肉熟、內餡加熱後關火，取下牙籤。

❼ 製作油封蘆筍。蘆筍泡在80~90℃的橄欖油中5~6分鐘加熱，做成油封。煮到軟之後撈起，灑鹽。

❽ 透抽去皮、去內臟後洗淨，剖開後切成一口大的大小，刻花，用噴槍烤。

❾ 在盤子中央放上❶的蠶豆豆莢作為容器，在豆莢中與周圍均衡的擺上❷的豆類、❸的韃靼螢烏賊、❺的日本鎖管的腳、❻的豆填日本鎖管、❼的油封蘆筍和❽的透抽。

❿ 最後將豆類泡沫的材料用手持式調理棒加以攪拌，與加熱過的荷蘭豆泥一起淋上。

一粒一粒帶著深奧甜味的夏之美味

玉米

當令時期	6～9月

與乳製品很搭的玉米。為了不使用鮮奶油而做出美味的湯，
我將目光放到了雖然是廢棄部分，但卻含有許多美味與甜味的玉米芯上。
使用芯來熬出 jus（高湯），與仔細炒過的玉米一起做成泥，仔細的引出其美味。

泥

玉米泥

Purée de maïs

活用廢棄部分，追求純粹的美味

［材料（方便製作的份量）］

玉米…3 根
洋蔥…1/4 顆
鹽…適量
沙拉油…少量

［作法］

❶ 玉米連皮和玉米鬚一起放入蒸鍋中蒸 15 分鐘。

❷ 蒸好後去皮和鬚，將玉米切成兩半，再把玉米粒從芯上切下。

❸ 將❷的芯放入鍋中，加入剛好蓋過玉米芯的水（不包含在份量內），以小火煮 1 個小時，熬出玉米 jus（高湯）。

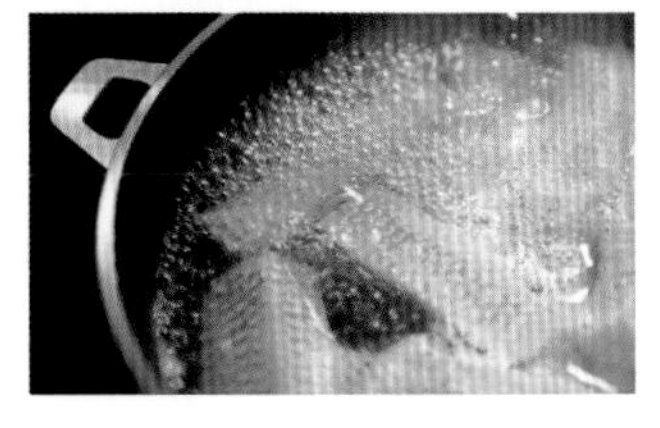

❹ 將沙拉油倒入鐵氟龍加工的平底鍋中，把切成 4~5mm 寬的洋蔥放入鍋中，小心不要炒到變色。炒軟之後再加❷的玉米粒放入，炒到略為上色。

❺ 將❸和❹一起放入鍋中，把玉米用小火煮到可以用手指揉碎的程度。以手持式調理棒打成泥狀，用鹽調味。

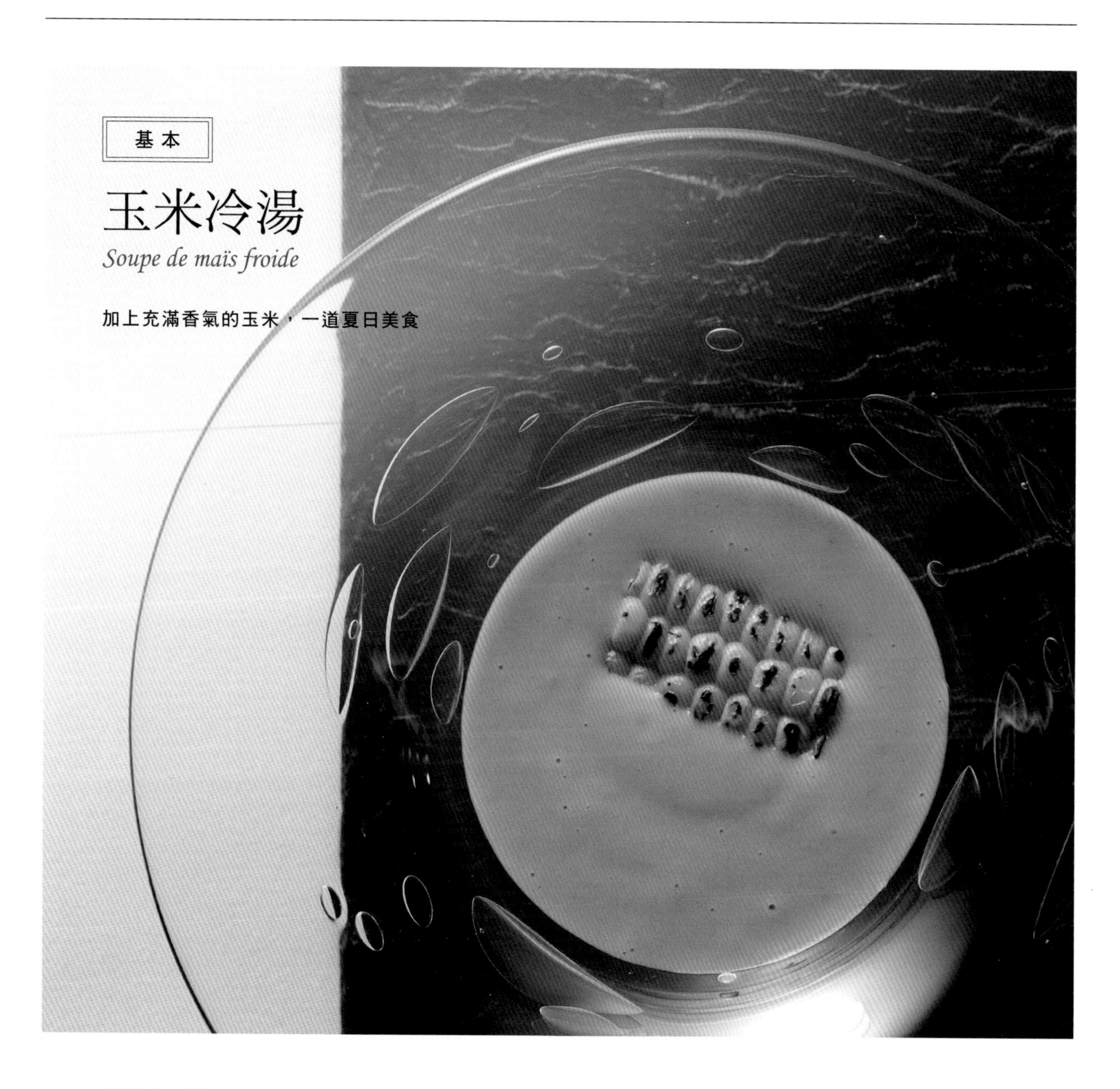

基本

玉米冷湯

Soupe de maïs froide

加上充滿香氣的玉米，一道夏日美食

［材料（2人份）］

玉米泥（P50）…200g
玉米粒（湯料用）…30g

［作法］

❶ 將玉米泥倒入大碗中，以水（不包含在份量內）調整濃度，再放入冰箱冷藏。

❷ 用瓦斯噴槍炙烤玉米，將表面稍微上色。

❸ 將❶倒入湯盤中，再放上炙烤過的玉米。

應用

玉米再構築

Déclinaison de maïs

從玉米鬚到玉米粒，可以充分享用整枝玉米的溫前菜

［材料（2人份）］
玉米筍（附皮）…2根
日本鶴鶉（附骨）※…60g
玉米粒…30g
玉米泥（P50）…40g
鹽…適量
胡椒…適量
沙拉油…少量

燉飯
米…20g
清湯（P78）…20mℓ
鹽…適量
橄欖油…適量

玉米鬚（裝飾用）…適量
酥脆的玉米煎餅
（裝飾用）…4片
日本鶴鶉的醬汁 ※…40mℓ

※日本鶴鶉和日本鶴鶉的醬汁可以用雞腿肉和雞高湯（P78）代替。

［事前準備］

● 將適量的玉米泥（不包含在份量內）薄薄的鋪在淺盤中，在蔬菜乾燥機內放置一晚乾燥，做成 croustillant（煎餅）。

● 玉米鬚在蔬菜乾燥機內放置一晚乾燥。

● 日本鶴鶉的骨頭用160℃的烤箱烤到稍微變成咖啡色，在鍋中加入蓋過骨頭的水（不包含在份量內）一起用大火煮沸，去除雜質後轉小火，熬2個小時，過濾後即成日本鶴鶉醬汁。

［作法］

❶ 玉米筍連皮用鋁箔紙包好，用160℃的烤箱烤20~30分鐘（依玉米的大小而有所不同）。

❷ 將烤好的玉米筍縱向剖開，取出玉米筍，將玉米筍切成5mm的塊狀，用加熱的鐵氟龍加工平底鍋煎到上色。玉米筍的皮當成容器放在一旁備用。

❸ 日本鶴鶉灑鹽、胡椒，沙拉油倒入平底鍋中，開中火，將日本鶴鶉表面煎至酥脆、中心熟透，全體都很多汁的狀態。

❹ 製作燉飯。洗米，將橄欖油倒入平底鍋中，開小火炒米，炒至透明後加入清湯以小火炊煮，煮至燉飯狀。加入❷的玉米筍混合，以鹽調味。

❺ 玉米以瓦斯噴槍炙烤，讓表面稍微上色。

❻ 將❷拿起備用的皮當成容器，把❹的燉飯鋪上，再疊上加熱過的玉米泥，❸的日本鶴鶉和❺炙烤過的玉米，事前準備的玉米鬚、煎餅一一擺盤，最後淋上加熱過的日本鶴鶉醬汁。

宣告春天來訪，可愛的黃綠色蔬菜

油菜花

當令時期	12～3月

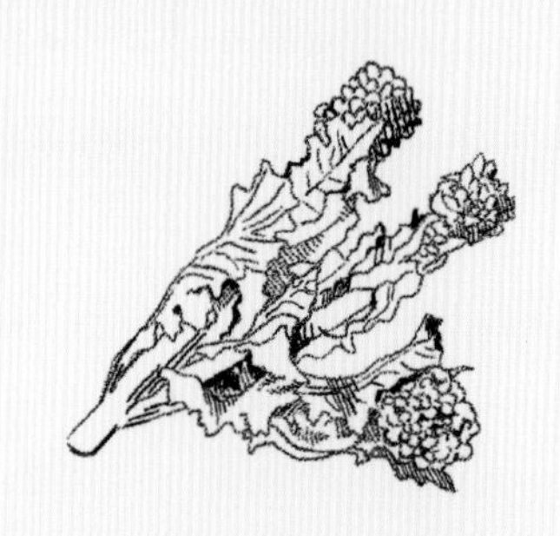

就像是能淨化體內一樣，帶著微苦與青嫩的香氣。
為了留下這股香氣，去除澀味，不使用蒸，而是汆燙。
是經常和味道很搭的貝類或甲殼類高湯一起使用的蔬菜。

泥

油菜花泥

Purée de 「nanohana」

色彩鮮豔而微苦，屬於春天的味道。

［材料（方便製作的份量）］
油菜花…2束
小蘇打粉…水1ℓ的水對1g
鹽…適量

MEMO

油菜花在花開始綻放後顏色就會變得黯淡。變色就是營養和味道流失的證據。蔬菜失去營養，就是人吃了也不會覺得好吃的明證。趁蔬菜還鮮豔水嫩的時候進行調理是最好的。

［作法］

❶ 用大量的水仔細清洗油菜花。

❷將油菜花一口氣放入已經加入小蘇打、煮沸的熱水中，煮到莖可以用手捏碎的程度，撈起後放入冰水中急速冷卻。

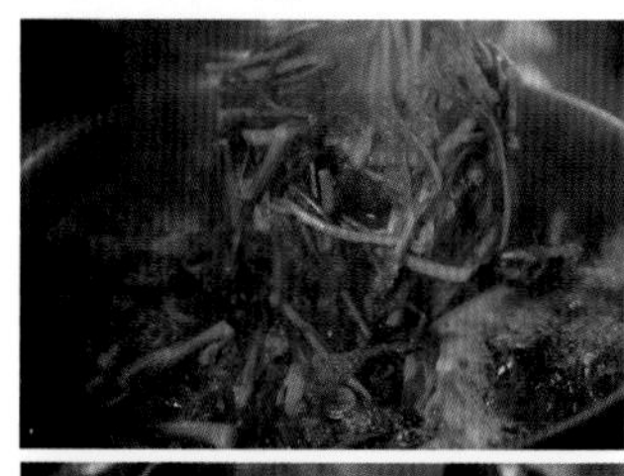

❸ 確實擰乾水分後，用手持式調理棒打成泥狀。再加以過濾，最後以鹽調味。

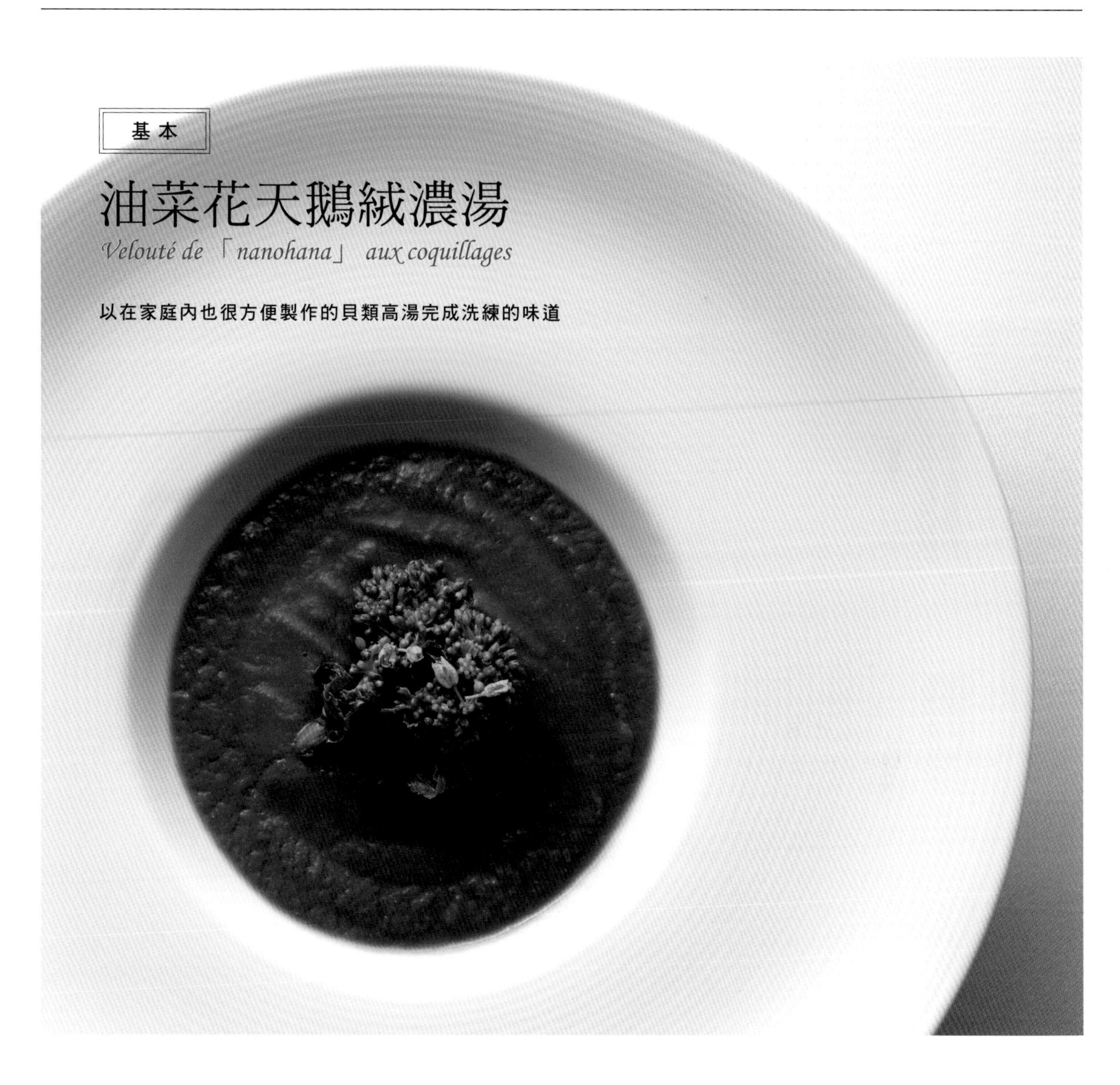

基本

油菜花天鵝絨濃湯

Velouté de「nanohana」 aux coquillages

以在家庭內也很方便製作的貝類高湯完成洗練的味道

［材料（2 人份）］

油菜花…2 根
油菜花泥（P54）…160g
蛤蠣高湯（P79）…80mℓ

［作法］

❶ 油菜花切掉莖後，以沸騰的熱水煮到還留有口感的程度。

❷ 在油菜花泥裡加入蛤蠣高湯混合，調整濃度和味道。

❸ 將加熱後的濃湯倒入湯盤中，再擺上燙過的油菜花。

應用

日本國產黑鮑魚與海膽佐海潮香油菜花泥

Ormeau et oursin, purée de「nanohana」aux coquillages, légumes verts

每一口都能夠享受到不同的味道與口感，富有節奏感的一道料理

［材料（2人份）］

鮑魚…40g
生海膽…20g
油菜花泥（P54）…60g
蛤蠣高湯（P79）…20mℓ
荷蘭豆…2根
菊薯…10g
土圞兒…10g
橄欖油（油封用）…適量
青花菜（花的部分）…適量
鹽…適量
粗鹽…適量

［事前準備］

- 土圞兒放入90℃的橄欖油內15分鐘，油封之後切成5mm的塊狀。

［作法］

❶ 鮑魚以鹽搓洗，去除黏液後仔細洗淨。放入大碗以保鮮膜密封，用53℃的蒸氣熱風烤箱加熱3小時※，之後切成一口大的大小。

❷ 荷蘭豆去筋，稍微燙過，留下還帶有口感的硬度，之後切成5mm的塊狀。

❸ 菊薯去皮，切成5mm的塊狀，以蒸鍋蒸1分鐘。

❹ 將❷和❸，以及事前準備的土圞兒放入鍋中混合，灑鹽，以小火稍微加熱。

❺ 青花菜切下花的前端部分，以蒸鍋稍微蒸一下。

❻ 在小鍋子中將油菜花泥和蛤蠣高湯混合，調味，以中火加熱。

❼ 將❻的泥淋在盤上，放上鮑魚、生海膽和❹擺盤，將粗鹽適量灑在海膽與泥上。最後灑上❺的青花菜前端。

※在家裡做的話，也可以將蒸鍋的蓋子稍微打開一點，以低溫蒸1小時。

來自北美，低熱量且香味豐富的根菜

洋薑

當令時期	11～12月

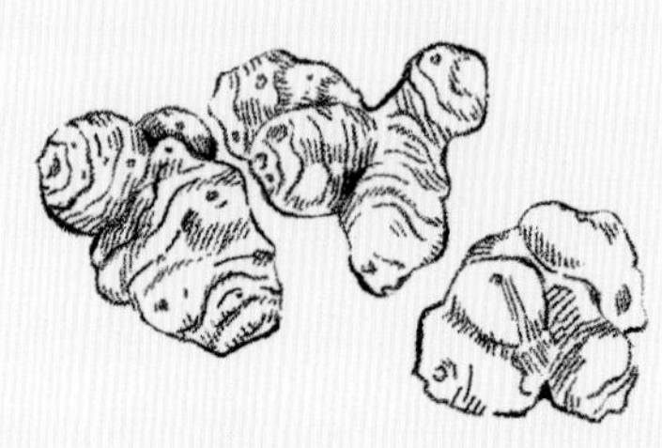

這是在法式料理中會用在燉煮料理或濃湯的蔬菜。
與甲殼類配合的話會產生複雜的滋味，發揮其驚人的實力，
因此在「應用」裡使用了梭子蟹的醬汁與它搭配。

泥

洋薑泥

Purée de topinambours

黏稠的質感與泥土的芬芳是其特徵

［材料（方便製作的份量）］
洋薑…500g
洋蔥…1/2 顆
鹽…適量
沙拉油…少量

MEMO
因為洋薑的皮非常薄，進行事前處理時只要仔細清洗，把附著的泥土洗掉，去除一些讓人在意的凸起和沾有泥土的部分即可。近年日本國內也開始生產品質好的洋薑，在店裡，我們都是連皮使用。

［作法］

❶ 洋薑切成 5~6mm 的寬度，洋蔥逆著纖維切成 4~5mm 的薄片。

❷ 用小火加熱鐵氟龍加工的平底鍋，倒入少量沙拉油將洋蔥炒軟，小心不要炒到變色。

❸ 洋蔥變透明後放入洋薑，灑鹽，蓋上鍋蓋以小火燜煮。

❹ 煮得差不多後關火，以手持式調理棒打成泥。

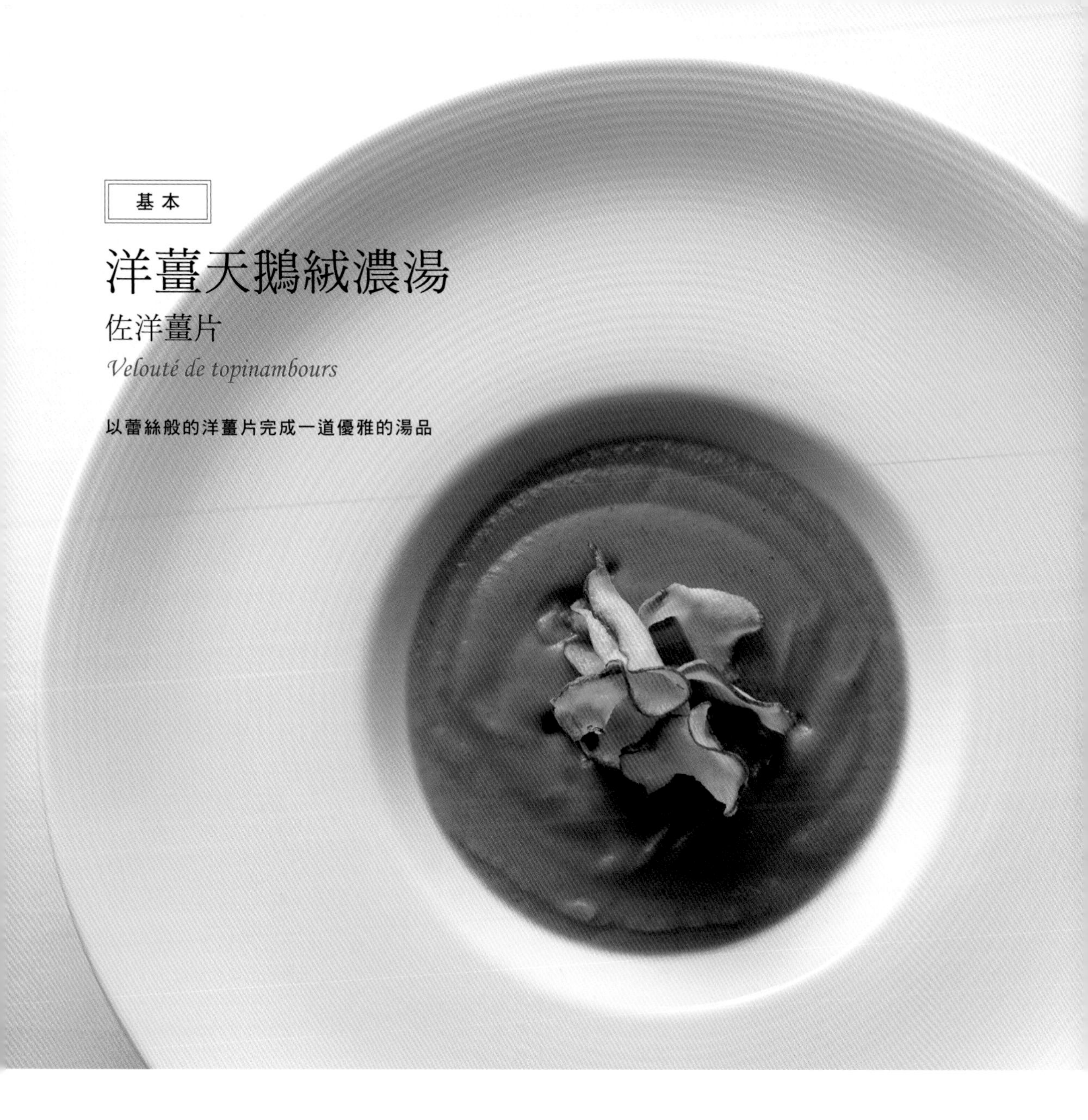

基本

洋薑天鵝絨濃湯

佐洋薑片

Velouté de topinambours

以蕾絲般的洋薑片完成一道優雅的湯品

［材料（2人份）］

洋薑泥（P58）…180g
洋薑（削薄片用）…1個
鹽…適量
沙拉油（炸油）…適量

［作法］

❶ 洋薑泥倒入小鍋裡，開小火，加入少量的水（不包含在份量內）調整濃度，再以鹽調味。

❷ 薄片用的洋薑連皮由長面削下寬2~3mm的長條，泡水。以廚房紙巾確實吸乾水分後，使用約160℃的沙拉油油炸。待不再產生氣泡、顏色變色後撈起，灑鹽。

❸ 將❶倒入湯盤中，再擺上炸好的洋薑片。

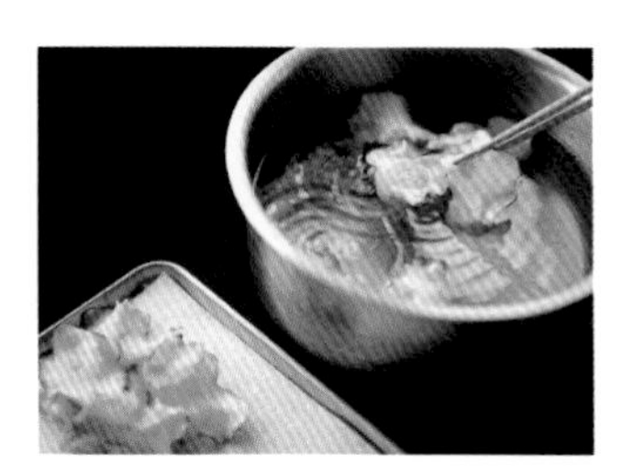

應用

柚子容器香燜松葉蟹與洋薑泥

Effiloché de crabe et purée de topinambours au yuzu, sauce crustacés

與甲殼類的組合更能增添存在感，品嘗洋薑真正的美味

［材料（2人份）］

松葉蟹（蟹肉）…60g
洋薑泥（P58）…40g
柚子…2顆
白菜…40g
金針菇…30g
甲殼類醬汁（P79）…適量
鹽…適量
沙拉油…少量

［事前準備］

●柚子從上方約1/3的地方切開，用湯匙將果肉挖出做成容器。切下來的部分則當成蓋子，放在一旁備用。

［作法］

❶ 白菜切成5mm的細絲。將沙拉油倒入鐵氟龍加工的平底鍋，開小火，注意不要炒到變色。炒軟後稍微灑上一點鹽。

❷ 金針菇切成一口大的大小，用別的平底鍋很快地炒到變軟，灑鹽。

❸ 在事前準備好的柚子容器內，由底開始依序放上❶的白菜，❷的金針菇，洋薑泥、松葉蟹蟹肉，最後蓋上柚子蓋子，以150℃的烤箱烤10分鐘。

❹ 將❸盛盤，上菜※，在吃之前才淋上加熱後的甲殼類醬汁。

※ 在店裡會將柚子的容器放在加熱至200℃的石頭上上菜。

從上到下，整株都很美味的淡色蔬菜

蕪菁

當令時期	3～5月/10～12月

新鮮的話充滿水分，燉煮後口感就變得入口即化……
會展現出多種樣貌的蕪菁。
與海鮮搭配的話就能展現出高雅且多樣的風味，
因此在「應用」裡就搭配了白身魚和白子、甲殼類的醬汁。

泥

蕪菁泥

Purée de navets

讓人忍不住會懷疑是不是加了奶油，震撼於其濃密的美味

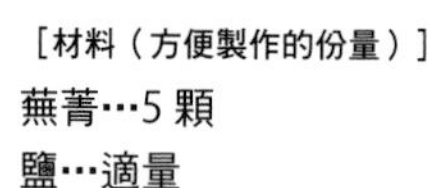

［材料（方便製作的份量）］

蕪菁…5顆
鹽…適量

MEMO

材料只有蕪菁和鹽，為什麼會產生像是加入鮮奶油或牛奶那樣的鮮味呢？其祕密就在步驟❷，讓蕪菁像是出汗一樣，一邊炒出水分一邊用小火仔細翻炒。在我們店裡，會將20顆蕪菁花上30分鐘來炒。

［作法］

❶ 蕪菁切掉頭，去皮。

❷ 切成約1cm的塊狀，用鐵氟龍加工過的平底鍋開小火炒，注意不要炒到變色。灑鹽，待蕪菁像出汗一樣開始出水後蓋上鍋蓋燜煮。

❸ 煮到可以用手指揉碎的柔軟度之後關火，以手持式調理棒打成泥狀。

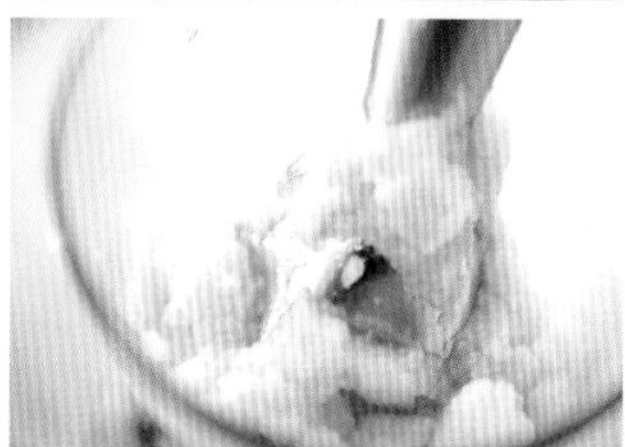

基本

純白蕪菁天鵝絨濃湯

佐焦糖烤蕪菁

Velouté de navets

將「蔬食美味」具現化的
Lumière 特別料理

［材料（2人份）］

蕪菁…1/6顆
蕪菁泥（P62）…180g
鹽…適量

［作法］

❶ 製作焦糖化蕪菁。蕪菁去皮切成半月形，用鐵氟龍加工過的平底鍋開小火慢慢煎過上色，灑鹽。

❷ 將蕪菁泥倒入小鍋子中，開小火，加入少量的水（不包含在份量內）調整濃度，再以鹽調味。

❸ 將濃湯倒入湯盤，再放上焦糖化蕪菁。

應用

在蕪菁殼盛裝甲殼類精華

2色蕪菁醬汁與魚貝類

Poisson rôti aux navets, deux sauces blanche et verte au navet

將蕪菁盛產期的當令食材集結於一盤

[材料(2人份)]
蕪菁(連葉子)…2顆
白身魚(大瀧六線魚)
…100g
白子…50g
kadaif…適量
蕪菁泥(P62)…160g
甲殼類醬汁(P79)…適量
小蘇打粉
…熱水1ℓ對1g的程度
鹽…適量
橄欖油…適量

[事前準備]
● 蕪菁去皮,從表面積最大的地方切去蒂頭,用工具挖空蕪菁當作器皿。葉子切下備用。

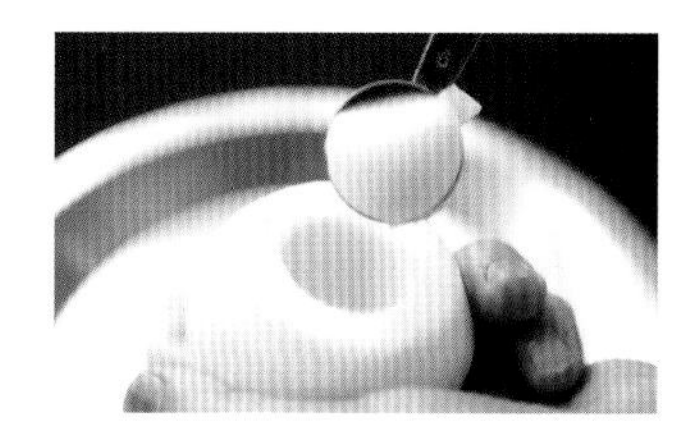

[作法]
❶ 將事前準備做好的蕪菁容器放入淺盤中,注意不要蒸到形狀垮掉,以蒸鍋蒸大約8分鐘左右,灑鹽。

❷ 清洗在事前準備時放在一旁備用的蕪菁葉,放入加了小蘇打煮沸的熱水中,煮到莖可以用手指揉碎的程度。確實擰乾水分後以手持式調理棒打成泥。

❸ 在一半的蕪菁泥中加入適量❷的蕪菁葉泥,做成顏色鮮豔的綠色泥。剩下的另一半白色蕪菁泥備用。

❹ 在大瀧六線魚上灑鹽。白子燙過之後灑鹽,將弄散的kadaif沾在白子上,直到看不見表面為止。

❺ 將橄欖油倒入鐵氟龍加工過的平底鍋,開小火加熱,把❹的大瀧六線魚和沾了kadaif的白子煎到散發香氣。

❻ 在❶的蕪菁容器內裝入甲殼類醬汁和白子。在盤子上放上少許白色蕪菁泥後再將蕪菁放上。

❼ 在❻的旁邊擺上大瀧六線魚,再以白綠兩色的蕪菁泥均衡點綴。

刺激食欲的個性派蔬菜

茼蒿

當令時期	11～3月

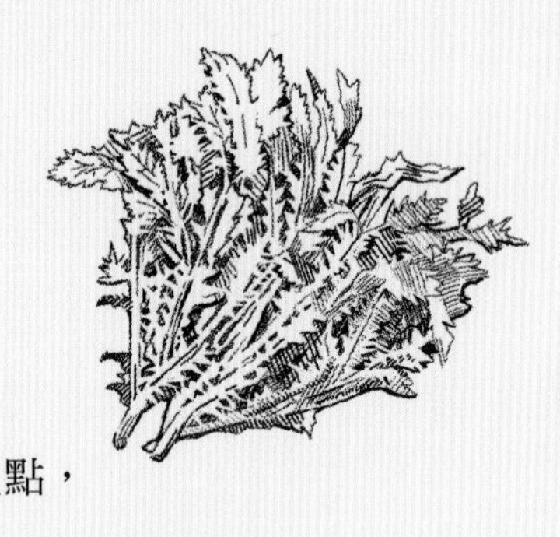

就像在吃火鍋時用其獨特的香氣作為點綴一樣，
茼蒿和肉或魚之類，不管和什麼素材配合，都能成為味道的重點，
是獨一無二的個性派。
是在想要製作活用苦味與香味的料理時會使用的蔬菜。

泥

茼蒿泥

Purée de 「shungiku」

同時擁有不輸給有個性的香氣的鮮豔色彩也是其魅力

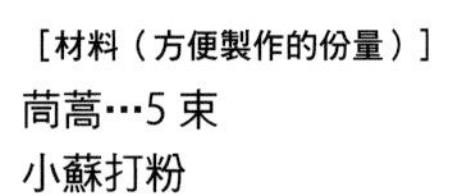

［材料（方便製作的份量）］
茼蒿…5束
小蘇打粉
…熱水1ℓ對大約1g的量
鹽…適量

MEMO
在製作「基本」與「應用」的點綴，或是火鍋、浸煮等使用茼蒿葉子的料理時，加熱只要控制在10秒以內，就不會產生茼蒿特有的苦味。

［作法］
❶ 茼蒿用大量的水仔細清洗。

❷ 將茼蒿放入已加入小蘇打煮沸的熱水中，煮到莖可以用手揉碎的程度後撈起，放入冰水中急速冷卻。

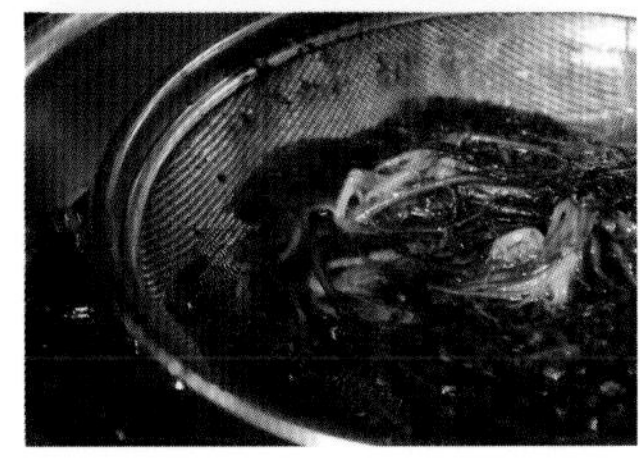

❸ 充分擰乾水氣之後，以手持式調理棒打成泥，加鹽調味。

基本

茼蒿蛤蜊湯

Soupe aux palourdes et 「shungiku」

cappuccino 的泡沫所產生的輕柔口感

［材料（2 人份）］

茼蒿泥（P66）…80g
蛤蜊…200g
茼蒿（裝飾用）…4 片
玉米澱粉…適量

［作法］

❶ 以淡水仔細清洗蛤蜊。

❷ 將蛤蜊放入鍋中，注入剛好蓋過蛤蜊的水（不包含在份量內），開中火。煮到蛤蜊開口之後將之取出，將高湯再次熬煮，調整味道。取出的蛤蜊為擺盤使用，放在一旁備用。

❸ 在❷裡加入玉米澱粉，讓湯產生濃稠度。

❹ 在❸裡加入茼蒿泥，以打蛋器稍微攪拌。

❺ 將❹倒入湯盤，將❷放置一旁備用的蛤蜊擺入盤中。

❻ 最後擺上以蒸鍋很快的蒸過 10 秒的茼蒿作裝飾。

應用

菊芋北寄貝熟肉抹醬與鵝肝

佐飽含貝類美味的茼蒿湯

Rillettes de「hokkigai」et de topinambours avec foie gras, soupe aux coquillages et「shungiku」

充滿躍動感的香氣，總結了豐潤的美味

［材料（2人份）］
茼蒿蛤蜊湯（P67）…100mℓ
茼蒿（裝飾用）…8片
鵝肝…30g
洋薑泥（P58）…40g
洋薑薄片（P59）… 20g
鹽…適量

北寄貝熟肉抹醬
北寄貝…1個
火蔥…8g
蘋果…10g
洋薑…40g
雞高湯（P78）…2～3mℓ
蛋白…1/4個分
鹽…適量
沙拉油…少量
橄欖油…適量

［作法］

❶ 製作北寄貝熟肉抹醬。北寄貝去掉裙邊與肝臟後仔細清洗，去掉砂子。很快的用沸騰的熱水燙一下去除臭味，切成5mm塊狀。

❷ 火蔥切碎，蘋果與洋薑切成5mm的塊狀。

❸ 將沙拉油倒入鐵氟龍加工的平底鍋，用小火稍微炒一下火蔥，小心不要炒到變色，再加入蘋果與洋薑，確實地炒到可以有點把它們壓碎的程度。

❹ 在❸加入北寄貝，以中火將之炒熟。

❺ 在❹加入雞高湯與鹽調味。將鍋中物移到大碗中，加入打散的蛋白，以橡膠刮刀等像是攪拌一樣的混合均勻。

❻ 以保鮮膜分別將一人份的量包好做成圓形，以蒸鍋蒸3分鐘。稍微放涼後放入冰箱冷藏成型。

❼ 將橄欖油倒入鐵氟龍加工的平底鍋，把❻的保鮮膜去除後用小火煎兩面，放在淺盤備用。

❽ 在鵝肝上灑鹽，以平底鍋用大火將兩面煎香。

❾ 裝飾用的茼蒿用蒸鍋很快的蒸10秒。

❿ 從盤子底部開始依序放上❼的北寄貝熟肉抹醬，❽的鵝肝，加熱過的洋薑泥，洋薑薄片，❾的茼蒿，最後在周圍淋上茼蒿蛤蜊湯。

充滿美味與香氣的小巨人

蘑菇

當令時期	9～11 月左右

在小小的體積裡充滿了各種美味成份的菇類。
雖然一加熱就馬上會出水，但這些水分就是美味所在。
為了不讓菇類的美味溜走，重點在於用小火細細翻炒。

泥

蘑菇泥

Purée de champignons

味道與香氣都相當不錯，感覺像調味料一樣的泥

［材料（方便製作的份量）］
蘑菇…600g
洋蔥…1/4 顆
鹽…適量

MEMO
雖然不管是哪一種菇類都可以做成泥，但在 Lumière 所使用的是比較沒有怪味，麩胺酸含量豐富，具有濃厚香氣的白蘑菇。

［作法］
❶ 蘑菇以大量的水清洗，切半。

❷ 洋蔥切成 4~5mm 的薄片，使用鐵氟龍加工的平底鍋小心不要炒到變色，用小火炒到變軟。

❸ 加入蘑菇以小火繼續炒，炒到蘑菇開始像出汗一樣出水後蓋上鍋蓋燜炒。

❹ 煮到可以用手指揉碎的程度後關火。以手持式調理棒打成泥，再以鹽調味。

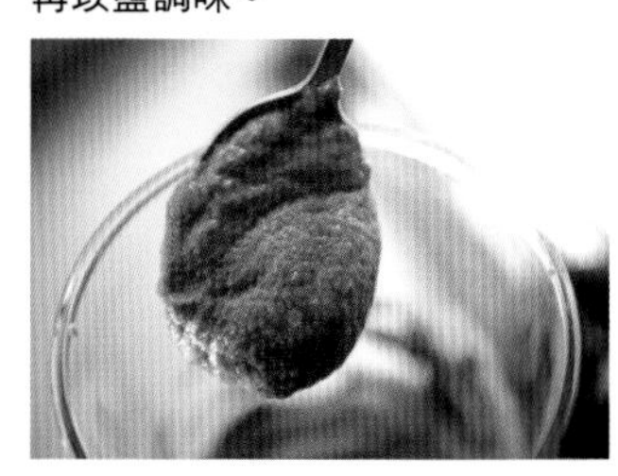

基本

蘑菇天鵝絨濃湯

佐各種菇類

Velouté de champignons

簡單卻有豪華感，特別的一道湯品

［材料（2人份）］

蘑菇泥（P70）…150g
菇類各種※
- 柳松茸…10g
- 大黑占地菇…10g
- 珊瑚菇…10g
- 白舞菇…10g
- 杏鮑菇…10g
- 霜降平菇…10g

鹽…適量
沙拉油…少量

※菇類請使用容易取得及自己喜歡的種類。

［作法］

❶ 菇類切掉根部，將沙拉油倒入鐵氟龍加工的平底鍋，以中火煎。煎到上色後翻面繼續煎，兩面都煎好後灑鹽。

❷ 將蘑菇泥倒入小鍋子中，以小火加熱，加入少量的水（不包含在份量內）調整濃度，以鹽調味。

❸ 將濃湯倒入湯盤中，再擺上煎好的菇類。

應用

菇類香蒸鮮魚

Poisson cuit à la vapeur au jus de champignons

以菇類之力讓主要素材的味道更上一層樓

［材料（2人份）］

白身魚（比目魚）…140g
香菇泥（P70）…60g
菇類各種
- 大黑占地菇…10g
- 珊瑚菇…10g
- 白舞菇…10g
- 杏鮑菇…10g
- 霜降平菇…10g

蘑菇泥
（P70／擺盤用）…適量
縮緬芥菜…適量
鹽…適量
沙拉油…少量

蘑菇 jus（高湯）…100㎖
（以下方便製作的份量）
蘑菇…500g
水…500㎖

［作法］

❶ 比目魚灑鹽，將蘑菇泥塗在魚身其中一面，約6mm厚。

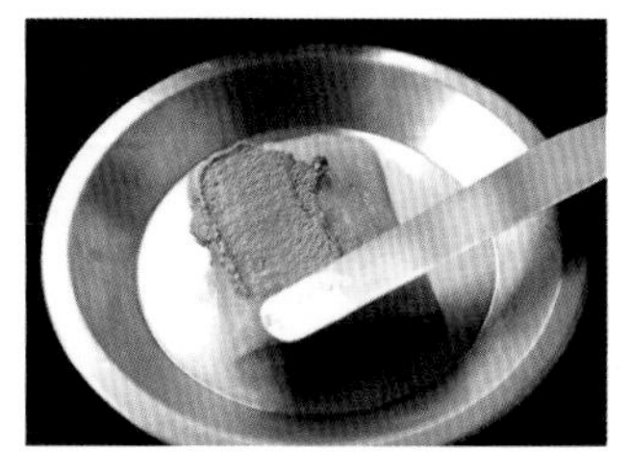

❷ 在鐵氟龍加工的平底鍋裡倒入蘑菇高湯與比目魚，蓋上鋁箔紙做成的蓋子，以小火蒸煮。待比目魚吸收蘑菇高湯，用手觸摸魚身可以感覺到彈性後，將比目魚取出放在淺盤中，讓餘熱將魚肉內部加熱至中心熟透。

❸ 菇類切掉根部，平底鍋倒入沙拉油，以中火煎。煎到上色後翻面繼續煎，兩面都煎好後灑鹽調味。

❹ 在容器內以比目魚和菇類擺盤，再擺上很快蒸過的縮緬芥菜，最後淋上蘑菇泥。

［蘑菇 jus（高湯）作法］

❶ 蘑菇仔細清洗後，切成寬4~5mm的薄片。

❷ 使用鐵氟龍加工的平底鍋以小火將蘑菇加熱，仔細蒸煮。

❸ 注入水後以小火煮30~40分鐘。

❹ 以過濾器過濾之後再熬煮過。

不管是調理法還是素材，跟什麼都很搭的名配角

小松菜

當令時期	12～2月

苦味少，味道也沒有強烈個性的小松菜，很容易和其他素材搭配使用，不管是料理還是甜點都能使用，是它的魅力所在。
用在甜點上的小松菜泥不加鹽和糖，能夠為甜點添加清爽的香氣。

泥

小松菜泥

Soupe de「komatsuna」froide

沒有怪味和鮮麗的色彩是它的強項

［材料（方便製作的份量）］
小松菜…2束
小蘇打粉…水1ℓ對1g

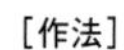

［作法］

❶ 小松菜用大量的水清洗，切掉根部，用加了小蘇打的熱水從莖的那端放入鍋中煮。煮到莖可以用手指揉碎的程度後，取出泡在冰水中急速冷卻。

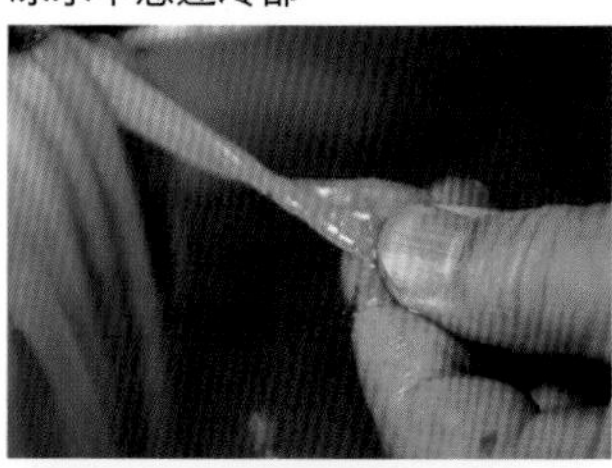

❷ 確實擰乾水分後用手持式調理棒打成泥狀。

基本

小松菜冷湯

Soupe de「komatsuna」froide

當成餐前飲料或餐前小點，
像是蔬果昔的一道湯品

［材料（2人份）］

小松菜泥（P74）…110g
香蕉（果肉）…10g
蘋果（果肉）…10g
奇異果（果肉）…15g
蘋果汁…50㎖
水（過濾過的水或礦泉水）
…40㎖
小松菜幼苗…2片

［作法］

❶ 香蕉、蘋果和奇異果去皮，切成適當的大小。

❷ 將小松菜幼苗以外的材料放入具有深度的容器中，以手持式調理棒打成蔬果昔。

❸ 將❷倒入湯盤中，再以小松菜幼苗裝飾。

應用

小松菜 芹菜 牛蒡 白蘿蔔

以田裡的蔬菜做成了甜點…karato 主廚

Dessert de légumes

以長年努力磨鍊所做出的特別菜色「蔬菜甜點」

[材料（2 人份）]

小松菜泥（P74）…60g

根芹菜奶凍
…100g（以下約 8 人份）
根芹菜泥（P32）…40g
椰奶…200g
細砂糖…39g
牛奶…40mℓ
明膠片…6g
鮮奶油（乳脂含量 47%）
…80mℓ

芹菜冰淇淋…60g
（以下約 10 人份）
芹菜…1 根
牛奶…250mℓ
鮮奶油（乳脂含量 47%）
…17mℓ
細砂糖…30g

牛蒡焦糖醬…40g
油封牛蒡（P28）…100g
焦糖…10g
（以下約 10 人份）
細砂糖…50g
鮮奶油（乳脂含量分 47%）
…100mℓ
牛奶…75mℓ
蜂蜜…25g

白蘿蔔（2mm 切片）…1 片

[事前準備]

● 製作芹菜冰淇淋。將芹菜以外的材料全部放入鍋中，開中火，沸騰後再加入切碎的芹菜，蓋上蓋子放入冰箱靜置半天。待芹菜的香味附著在液體上之後，以濾網過濾，移動到 PACO JET※ 的容器後冷凍，完成冰淇淋。

● 製作白蘿蔔脆片。白蘿蔔薄片連皮很快的燙過，切成 1/2，以蔬菜乾燥機乾燥 5 小時。

[作法]

❶ 製作根芹菜奶凍。將鮮奶油與明膠以外的材料全部放入鍋中，開中火，以手持式調理棒加以混合。恢復原狀的明膠在即將煮沸前加入混合，之後移到大碗中，隔著冰水冰鎮，再與用手持式調理棒打到 8 分起泡的鮮奶油混合。

❷ 製作牛蒡焦糖醬。將柔軟的油封牛蒡用濾網過濾成泥狀，再將焦糖的材料全部放入鍋中，開中火，熬到量只剩 1/5、呈焦糖狀。不時用橡膠刮刀從鍋底翻起攪拌以避免過焦，變成焦糖色之後關火。

❸ 將❷完成的牛蒡泥 30g 與完成的焦糖醬 10g 以 3:1 的比例在大碗中混合。

❹ 在聖代杯裡依照根芹菜奶凍、小松菜泥、芹菜冰淇淋、牛蒡焦糖醬的順序疊上，最後放上白蘿蔔脆片。

※PACO JET 指的是一種使用名為 Gold blade 的特殊刀刃，可將冷凍後的食材在冷凍狀態下粉碎為 0.01mm，最後做成泥或慕斯狀、冰淇淋狀的冷凍粉碎調理機，一般家庭可使用製冰盒結凍代替。

Lumière 基本的高湯、醬汁、淋醬

以下要介紹的是在之前的食譜中已經登場過好幾次，
身為 Lumière 味道關鍵的高湯、醬汁和淋醬的保存版食譜。
雖然這裡寫的是餐廳用的份量，但是也可以只做一半或是 1/4。

雞高湯（P20・P28・P35・P68）

材料（約 300mℓ的量）

公雞…1kg
水…3 ℓ
洋蔥…1 顆
紅蘿蔔…1 根
芹菜…1 本
月桂葉…1 片

[作法]

❶ 洋蔥、紅蘿蔔和芹菜各自劃上幾道切口。

❷ 取較大的鍋子，將切成大塊的公雞與水放入鍋中開大火。沸騰後撈去雜質，轉小火，放入❶的蔬菜和月桂葉，煮大約 6 小時。

❸ 用濾網過濾，在完成最後的 300mℓ高湯前用小火再加以熬煮。

清湯（P23・P52）

材料（約 1 ℓ 的量）

雞骨…1kg
水…3 ℓ
洋蔥…1 顆
紅蘿蔔…1 根
芹菜…1 本
月桂葉…1 片

[作法]

❶ 將雞骨放入沸騰的熱水中煮過，再以流動的清水洗淨內臟與血。

❷ 洋蔥、紅蘿蔔和芹菜各自劃上幾道切口。

❸ 取較大的鍋子，將水倒入後，加入❶，開大火煮。沸騰後撈去雜質，轉小火，放入❷的蔬菜和月桂葉，煮大約 3 小時。

❹ 用濾網過濾，在完成最後的 1 ℓ 高湯前用小火再加以熬煮。

牛肉清湯（P37・P39）

材料（方便製作的份量）

牛腿絞肉…1kg
洋蔥…1 顆
紅蘿蔔…1 根
芹菜…1/2 根
番茄…2 顆
蛋白…2 顆
洋蔥（炒焦用）…1 顆
清湯…3 ℓ

[作法]

❶ 洋蔥、紅蘿蔔和芹菜連皮切成 4~5mm 寬的薄片，番茄連皮切大塊。

❷ 將❶的蔬菜和牛絞肉、蛋白放入鍋中，用手仔細混合，直到蛋白含有空氣為止，確實混合均勻。

❸ 將炒焦用的洋蔥連皮從上方約 1/2 處切開，將斷面朝下放在鐵氟龍加工的平底鍋上，用小火慢慢確實的煎焦。

❹ 將❷放入鍋中，倒入清湯，開小火。在沸騰之前因為鍋底會容易焦掉，需使用木匙從底部翻攪混合。在即將沸騰時停止翻攪，將❸煎焦的洋蔥加入鍋中，轉小火，煮到洋蔥中心打開為止，大約煮 2 小時。

❺ 在篩網上鋪上廚房紙巾後過濾。

蛤蠣高湯（P16・P55・P57）

材料（方便製作的份量）

蛤蜊…200g
玉米澱粉…適量

［作法］

❶ 以流動的水仔細清洗蛤蜊後再放入鍋中。加入剛好蓋住蛤蜊的水（份量外），開小火，慢慢煮出蛤蜊的精華。

❷ 蛤蜊開口之後將之取出，想把高湯做成醬汁狀的話就繼續熬煮到剩 1/2，想要維持高湯狀的話就熬煮到剩 2/3 的量，之後再加入玉米澱粉產生濃稠度。

甲殼類醬汁（P60・P65）

材料（方便製作的份量）

梭子蟹…1kg
洋蔥…1/2 顆
紅蘿蔔…1/2 根
芹菜…1/4 根
番茄泥…50g
玉米澱粉… 適量
沙拉油…少量

［作法］

❶ 梭子蟹連殼切成適當的大小，放入烤盤中以 145℃的烤箱烤 50 分鐘。

❷ 將去皮的洋蔥、紅蘿蔔和芹菜切成 4~5mm 寬，放入倒了沙拉油的鍋子開小火，小心不要炒到變色。加入番茄泥之後再繼續翻炒。

❸ 將梭子蟹從烤箱中取出，加入❷，以木匙像是要將梭子蟹搗碎一般仔細混合。加入剛好可以蓋住材料的水（不包含在份量內），煮約 50 分鐘，再以過濾器過濾。

❹ 開大火，將醬汁熬至只剩 1/4 的量，再加入玉米澱粉勾芡。

油醋淋醬（P20・P48）

材料（方便製作的份量）

白酒醋…50mℓ
橄欖油…130mℓ
特級冷壓初榨橄欖油
　…100mℓ
胡桃油…100mℓ
沙拉油…70mℓ
顆粒黃芥末醬
　…5g
鹽…7g
胡椒
　…現磨胡椒罐
　轉 10 下

［作法］

❶ 取一有深度的容器，將所有材料放入後以手持式調理棒攪拌即可。

洋蔥淋醬（P19・P20・P25）

材料（方便製作的份量）

洋蔥…50g
白酒醋…37mℓ
紅酒醋…12mℓ
橄欖油…100mℓ
沙拉油…100mℓ
顆粒黃芥末醬
　…2g
鹽…5g

［作法］

❶ 洋蔥去皮，切大塊。

❷ 取一有深度的容器，將所有材料放入後以手持式調理棒攪拌。

同時具有酸味與甜味，完成度相當高的水果

草莓

當令時期	溫室栽培 12 ～4 月 / 露天栽培 5 ～6 月

在豐滿的甜味中帶有清爽的酸味，是不需要再額外添加調味的理想素材。
簡單做成泥，就可以和各種甜味組合成最棒的甜點。
色彩可愛、帶有甜香，是人氣 No.1 的水果。

泥

草莓泥

Purée de fraises

急速冷卻來維持草莓華麗的香氣

［材料（方便製作的份量）］
草莓…12 顆

MEMO
由於水果冷藏得越久，香氣就會變得越淡，所以在購入之後不要放入冰箱冷藏，而是以常溫保管，在要食用的 3 小時之前冷藏是最好的。將水果在常溫的狀態下打成泥後急速冷卻，以味道和香氣都是在最好的狀態下提供給客人享用，是 Lumière 的堅持。

［作法］
❶ 草莓洗過後確實地去除水氣，去蒂。以手持式調理棒打成泥狀。

❷ 將❶移到大碗，隔著冰水確實冰鎮。

基本

草莓湯

佐香草冰淇淋

Soupe de fraises à la glace vanille

讓滋味豐富的冰淇淋浮在湯中，享受味道的濃淡變化

［材料（2人份）］

草莓泥（P80）…240g

香草冰淇淋…60g

［作法］

❶ 將已經確實冰鎮後的草莓泥倒入容器中。

❷ 在草莓泥上擺上香草冰淇淋。

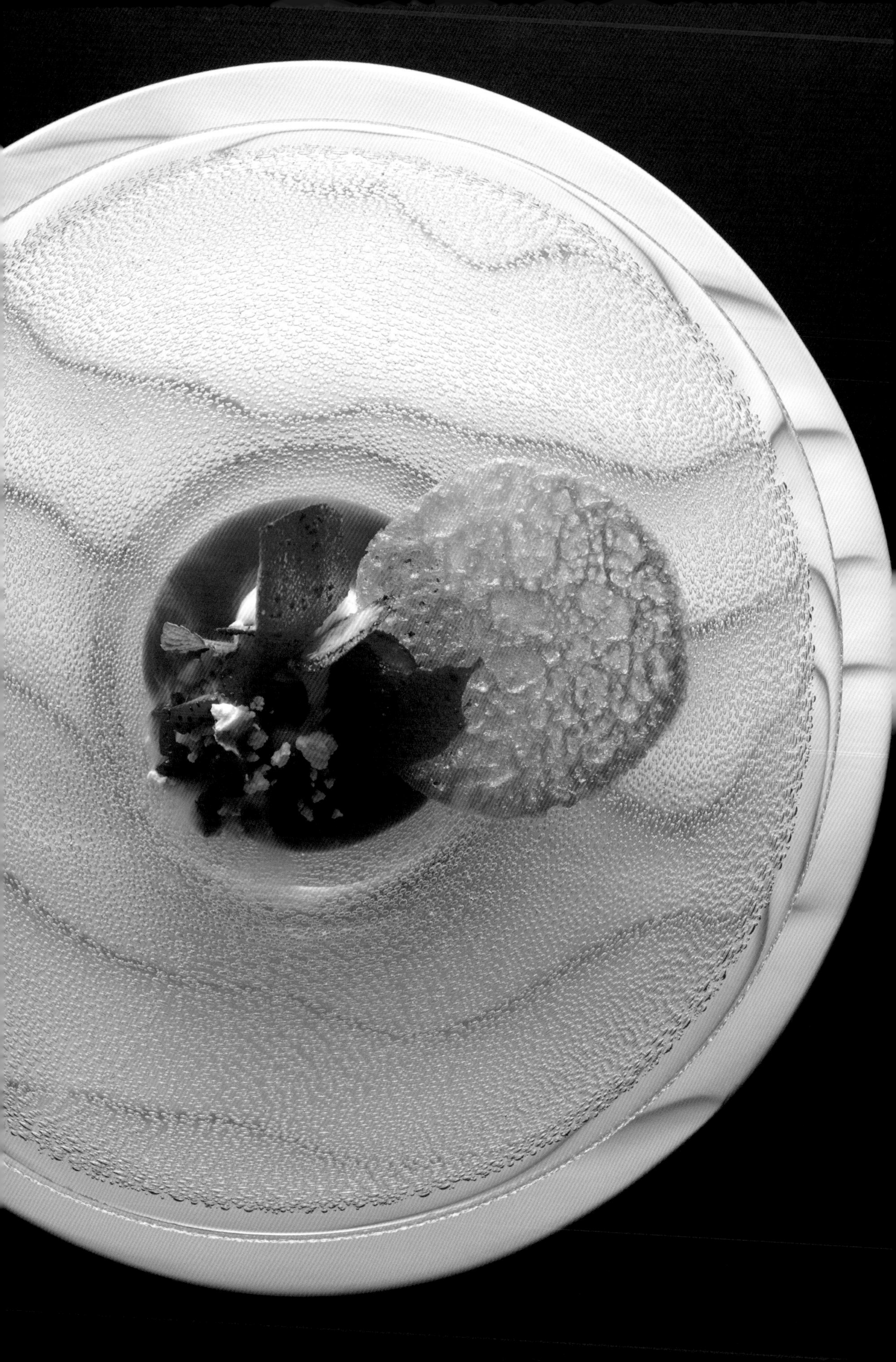

應用

草莓風味起司蛋糕

降下純白瑞雪

Crêmet d'Anjou aux fraises, poudre de chocolat blanc

讓「天使的奶油」如雪般飛散，富於情景描寫的甜點

［材料（2人份）］
草莓泥（P80）…80g
草莓（切片・sec※1用）…2片
薄荷…2片

起司蛋糕…60g
（以下約8人份）
蛋白…1顆
細砂糖…34g
鮮奶油（乳脂含量35%）
…80mℓ
軟質酸酪…100g
草莓（切成6mm塊狀）…4顆

柳橙薄片…10g
（以下約12人份）
奶油…12g
柳橙汁…15mℓ
細砂糖…10g
糖粉…10g
低筋麵粉…14g

覆盆子 tuile※2…2g
（以下約10人份）
覆盆子（冷凍・整顆）
…25g
細砂糖…2g

白巧克力粉
…8g（以下約10人份）
白巧克力…24g
牛奶…36mℓ
鮮奶油（乳脂含量35%）
…20mℓ

※1「sec」，意為「乾燥」。
※2「tuile」為法文「瓦片」之意，指的是薄薄的煎餅狀烤製點心。

［事前準備］

- 準備白巧克力粉。將白巧克力隔水加熱融化，再加入牛奶與鮮奶油混合。放入保存容器後冷凍半天，途中需不斷拿出來攪拌。

- 覆盆子薄片需將解凍的覆盆子用手持式調理棒攪打至柔滑，再與細砂糖混合。在烘焙紙上鋪上薄薄一層，再以蔬菜乾燥機乾燥4小時。

- 乾燥用的草莓以蔬菜乾燥機乾燥5小時。

- 草莓泥事先冰鎮。

［作法］

❶ 製作起司蛋糕。將蛋白放入大碗，以手持式調理棒打至起泡。待產生份量後，將細砂糖分2~3次加入，每次加入時都要使用手持式調理棒攪拌，產生光澤後繼續打到可以拉起一個角。

❷ 鮮奶油使用手持式調理棒打至9分發泡。

❸ 將❶和❷，還有去除水氣的軟質酸酪放入大碗中，以橡膠刮刀確實混合，再加入草莓塊稍微混合。

❹ 製作柳橙薄片。將奶油放入大碗置於常溫中變成髮蠟狀。加入柳橙汁、細砂糖、糖粉和低筋麵粉，以打蛋器確實混合。將麵糊在鋪了烘焙紙的烤盤上倒成圓形，以170℃的烤箱烤約6分鐘。

❺ 將草莓泥倒入器皿，放上❸的起司蛋糕，再以❹的柳橙薄片、事前準備的覆盆子薄片和乾燥草莓、薄荷裝飾。最後將事前準備所製作的白巧克力以手持式調理棒打成粉狀，灑在料理上即可。

充滿個性與果汁的任性水果

桃子

當令時期	7～8月

桃子即使是同樣的產地、同樣的農家所生產，每一顆還是會有所不同。
美味的話可以直接使用，不是的話則需要經過加工，
因此「應用」的特別料理一定要一顆顆的試過味道，在接到點單之後很快的做出來。

泥

桃子泥

Purée de pêche

［材料（方便製作的份量）］
桃子…2 顆
crème de pêche※… 適量
檸檬汁…少量
鮮奶油（乳脂含量 47%）
…少量

※ 桃子利口酒。

［作法］
❶ 桃子去皮，去掉種子，只剩果肉。

❷ 以手持式調理棒攪拌至變得柔滑後，加入 crème de pêche、檸檬汁和鮮奶油，接著再以手持式調理棒打成泥。

❸ 把❷移到大碗，將大碗泡在冰水中確實冰鎮。

MEMO

桃子利口酒（crème de pêche）加的量要配合桃子的味道進行調整。如果是很甜的桃子，也有不需要加的時候；反之，如果是不夠甜的桃子，請少量加入來補足其風味。

基本

桃子湯

佐桃子果肉

Soupe de pêche

［材料（2 人份）］
桃子泥（上記）…240g
桃子（果肉）…60g

［作法］
❶ 將確實冰鎮過後的桃子泥倒入湯盤。

❷ 桃子去皮，切成 3cm 的塊狀放入❶。

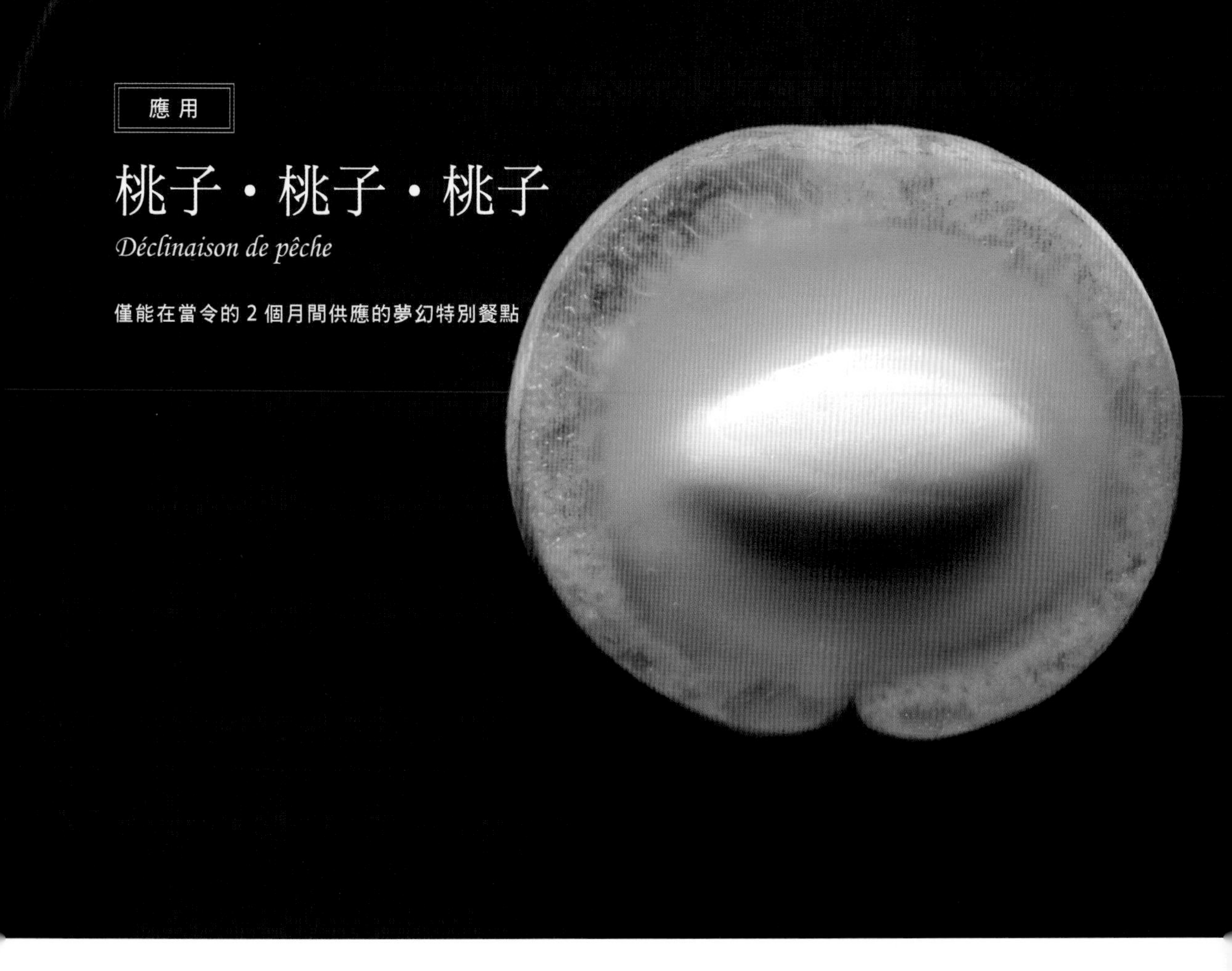

應用

桃子・桃子・桃子

Déclinaison de pêche

僅能在當令的 2 個月間供應的夢幻特別餐點

［材料（2 人份）］

桃子…2 顆
桃子泥（P84）…120g

桃子冰沙…30g
（以下約 10 人份）
桃子泥（P84）…300g
糖粉…約 10g
（※ 依桃子的甜度而定）

［事前準備］

●製作桃子冰沙。將糖粉加入桃子泥中混合均勻，倒入 PACO JET※ 的容器中冷凍一晚以上，使用前再弄碎成冰沙狀。
●事先將桃子泥冰鎮。

※ 在家庭中製作的話可用製冰盒代替。

［作法］

❶ 將桃子由上方算起 2cm 左右的地方切開，像是扭開一樣的拿起，挖去種子後將肉也挖除，把桃子做成容器。

❷ 將桃子泥倒入❶，再將事前準備做好的冰沙放上。

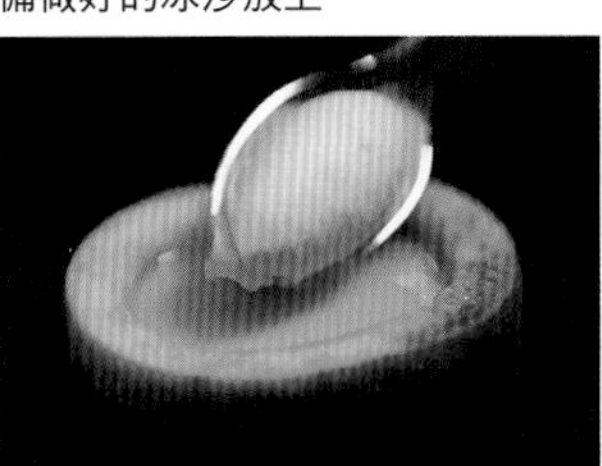

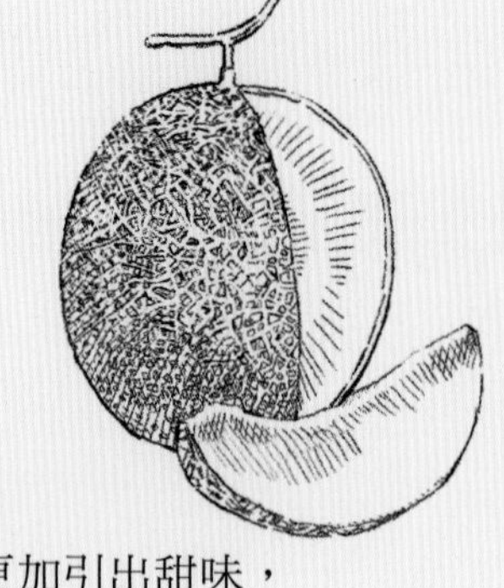

有著威風凜凜風格的水果之王

哈密瓜

當令時期	5～8月

外表、香味與價格都有著水果之王風格的哈密瓜。
因為同樣是瓜科，它與西瓜或小黃瓜一樣，加入一點點鹽就能更加引出甜味，
再以跟它很搭的雪莉酒提味，就能讓味道達到均衡。

泥

哈密瓜泥

Purée de melon

［材料（方便製作的份量）］

哈密瓜…1/2 顆
雪莉酒（TIO PEPE）…適量
鹽…少許

［作法］

❶ 哈密瓜去籽，挖出果肉 ※。

❷ 將挖出的果肉以手持式調理棒打成泥狀，再加入雪莉酒與鹽混合。

❸ 把❷移到大碗，將大碗泡在冰水中確實冰鎮。

※ 在製作 P87 應用時，挖出果肉後的哈密瓜要作為容器備用。

基本

哈密瓜湯

佐哈密瓜果肉

Soupe de melon

［材料（2 人份）］

哈密瓜泥（上記）…240g
哈密瓜（果肉）…60g

［作法］

❶ 將確實冰鎮過的哈密瓜泥倒入湯盤中。

❷ 將切成容易入口大小的哈密瓜果肉放到❶上。

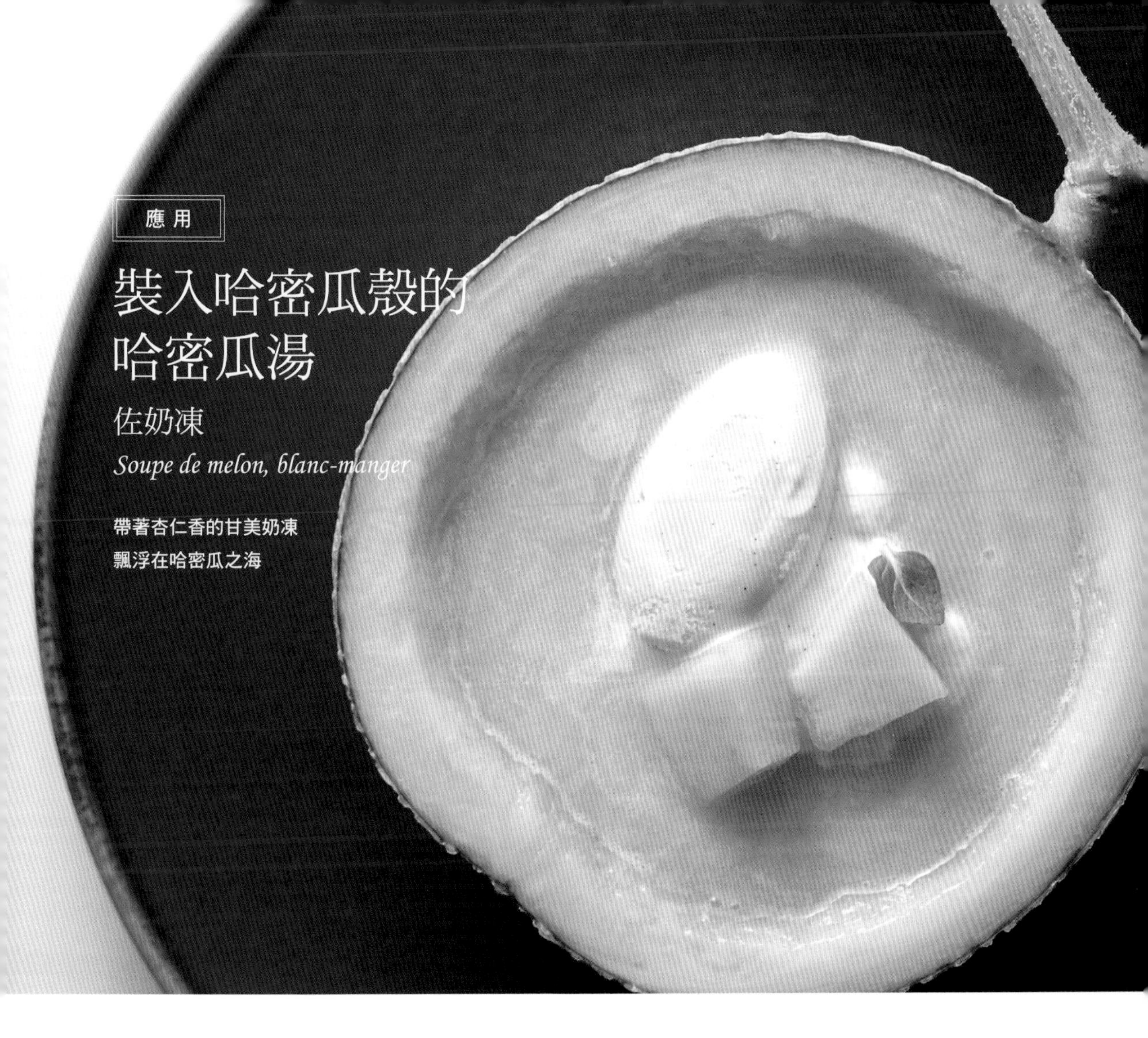

應用

裝入哈密瓜殼的哈密瓜湯

佐奶凍

Soupe de melon, blanc-manger

帶著杏仁香的甘美奶凍
飄浮在哈密瓜之海

［材料（2 人份）］
哈密瓜泥（P86）… 300g
哈密瓜（果肉）…60g
香草冰淇淋…60g
薄荷…2 片
作為容器的哈密瓜（P86 挖去果肉後拿起備用的哈密瓜外殼）
…1 顆

奶凍…60g
（以下約 12 人份）
杏仁片…40g
牛奶…200mℓ
細砂糖…45g
鮮奶油（乳脂含量 47%）
…50mℓ
明膠片…4g
糖漿
水…75mℓ
細砂糖…20g

［事前準備］
● 準備奶凍。杏仁片以 150℃的烤箱烤到稍微變色。在鍋內倒入牛奶和細砂糖、烤過的杏仁片煮到沸騰，蓋上鍋蓋後關火，在冰箱靜置半天。

● 哈密瓜泥事先冰鎮。

［作法］
❶ 製作奶凍。將事前準備時準備好的鍋子從冰箱中取出，以湯杓之類工具的背面像是要將杏仁弄碎一樣，讓杏仁釋出美味，之後用過濾器過濾。

❷ 將水與細砂糖放入小鍋中煮沸，製作糖漿。加入❶之後使之沸騰一次，再加入明膠仔細混合後放涼。加入以手持式調理棒打發至 8 分的鮮奶油，盡可能不要把氣泡弄破，加以混合，之後倒入淺盤等容器放涼凝固。

❸ 將哈密瓜泥倒入事前準備好備用的哈密瓜殼中，再放入❷的奶凍、香草冰淇淋、切成容易入口大小的哈密瓜果肉，再以薄荷裝飾。

具有獨特個性、華麗的水果女王

芒果

當令時期	6～8月

擁有濃厚的味道與獨特的香味，不管是做成怎樣的甜點，
其個性都不會消失，能夠做出複雜味道的芒果，給人水果女王的印象。
Lumière 所使用的是宮崎或高知所生產的高品質芒果。

芒果泥

Purée de mangue

材料只需要一顆果實，完成度很高的豪華之味

［材料（方便製作的份量）］
芒果… 1 顆

MEMO

芒果有被稱為蘋果芒果的「愛文種」、被稱為鵜鶘芒果的「水牛（Carabao）種」，其他還有「肯特（kent）種」、「哈登（haden）種」等許多種類，當然，芒果會因為品種和糖度等因素而讓味道有所變化，但是不管是哪一種芒果，即使經過加工，和其他水果相比，個性也比較不會消失，即使是冷凍品也能夠做出想像中的味道，這一點也是芒果的魅力所在。

［作法］

❶ 芒果去皮，去種子，以手持式調理棒打成泥狀。

❷ 把❶移到大碗，將大碗泡在冰水中確實冰鎮。

基本

芒果湯

佐芒果果肉

Soupe de mangue

連餘韻都是香氣。簡單卻華麗的一道料理

[材料（2人份）]

芒果泥（P88）…240g
芒果（果肉）…60g

[作法]

❶ 將確實冰鎮過的芒果泥倒入湯盤中。

❷ 將切成容易入口大小的芒果果肉放到❶上。

應用

讓芒果變化成各種形態

神祕 Style

Déclinaison de mangue

讓南國水果的個性相互碰撞，品嘗衝擊的滋味

［材料（2 人份）］

芒果（果肉）…50g
鳳梨（果肉）…50g

芒果奶油

芒果泥（P88）…25g
白巧克力…25g
蛋黃…1.5 顆
細砂糖…15g

碎屑…20g（以下約 10 人份）

奶油… 5g
細砂糖…5g
低筋麵粉…5g
杏仁粉…5g

薄荷凍…68g
（以下約 10 人份）

水…260mℓ
檸檬汁…15mℓ
白酒…10mℓ
薄荷…3g
細砂糖…35g
珍珠瓊脂…20g

芒果慕斯

芒果泥（P88）…60g
鮮奶油（乳脂含量 35%）…30mℓ
糖粉…9g

百香果醬汁

百香果（果肉）…1/2 顆
糖粉…2g
Gelespessa（增黏劑）…適量

［事前準備］

- 芒果奶油的白巧克力，為了容易融化需要切細，之後放入鍋中隔水加熱。

［作法］

❶ 芒果、鳳梨各自切成 1.5cm 的塊狀。

❷ 製作芒果奶油。將蛋黃與細砂糖放入大碗混合，再加入芒果泥混合。

❸ 將❷移到鍋中，以會稍微產生濃度的溫度加熱（83℃），不斷攪拌混合，一邊以過濾器過濾，一邊將之加入事前準備時準備好的白巧克力鍋子裡混合，和❶拌勻。

❹ 製作碎屑。在置於常溫中變成髮蠟狀的奶油裡加入事先放入冰箱冷卻的細砂糖、低筋麵粉和杏仁粉，用手不要像攪拌那樣的加以混合，讓材料變成顆粒的狀態。

❺ 在鋪了烘焙紙的烤盤上將❹平均灑上，以 170℃的烤箱烤 6~8 分鐘。

❻ 製作薄荷凍。將水、檸檬汁與白酒倒入鍋裡，開大火，使之沸騰一次。加入薄荷之後蓋上鍋蓋，關火，靜置 5 分鐘。

❼ 將薄荷取出後再次煮沸，加入細砂糖和珍珠瓊脂仔細混合，再次沸騰後以過濾器過濾，倒入淺盤之類的容器，稍微放涼之後放入冰箱冷藏。

❽ 製作芒果慕斯。將鮮奶油以手持式調理棒打至 6 分發泡，加入糖粉，再打至 8 分發泡，之後加入芒果泥。

❾ 製作百香果醬汁。將百香果切半，取出種子和果肉，以手持式調理棒攪拌。加入糖粉，再加入 Gelespessa 調整醬汁的濃度。

❿ 將芒果從頭縱切成 1/2，挖去果肉做成容器。

⓫ 從底下開始，將碎屑、❸的芒果和鳳梨、薄荷凍、芒果慕斯和百香果醬汁依序放入❿中盛盤※。

※ 在店裡上菜時，會在容器底下鋪上乾冰，再把⓫放上，加上少量的水呈現冒煙的演出。

拜訪創造「蔬食美味」的

食材現場

在蔬果結實纍纍的田裡，在充滿海潮香氣的製鹽現場，唐渡 泰主廚神采奕奕的與生產者和食材對話。在他的腦海中，已經充滿了「要如何料理、要如何呈現給客人」這些事。為了追求真正的素材而前往食材的現場，從這一步開始，「蔬食美味」的創造已然展開。

取材・文：佐藤良子

身體所想要的，一定是該是它原來樣子的真正的食材。

「比方說番茄，為了在商店上架時剛好成熟，在還是綠色時就已經摘下來並在市面上流通，即使如此，我想使用的並不是經過品種改良變得更甜的番茄，而是在樹上直到成熟之後才摘下，單純因為這樣而好吃的番茄。並且不使用不需要的農藥、肥料，進行品種改良、基因改造……，我希望正常提供健康的食材，而不是因為人類的需要而進行各種操作的蔬果。理由很單純，因為真正的食材既好吃，身體也可以很自然地接受。身為一個以料理作為職業的人，我想追求身體真正想要的美味，並且提供給客人。」

以 Lumière 所使用的鹽的製鹽現場為目的地，在冬天前往了長崎縣的平戶。

在初秋時前往京都某處的田地，在農夫的介紹下試吃各種蔬菜。這裡的蔬菜是自家從種子開始進行採種。

身體所想要的，即使到了 100 歲也想吃的美食學

以修業時代的經驗為開端，用試圖兼顧美味與健康的「蔬食美味」向美食學的世界提出這個概念的 Lumière 老闆兼主廚 · 唐渡 泰先生。從開業時開始，累積日日研究的成果，各種發展提升的蔬菜料理技巧就如同本書的食譜所提到的那樣。另一方面，為了省去使用鮮奶油、奶油和麵粉這些多餘的成份，唐渡先生所追求的是蔬菜與調味料的品質。

得到首肯而能前往的食材現場，與生產者對話，了解食材，並且藉由料理更加面對食材。在進行這些事情的過程中，自然而然的能夠理解會表現在食材味道上的產地特徵，以及產季的循環。並且在食材的現場，也能看見從市場或流通的問題，到使用農藥、化學肥料、品種改良等，依照人類需求而做出的食材的龐大數量以及其味道的不自然等，現今日本所具有的問題。

「正因為以料理為職業，每天都在試料理的味道，所以會馬上理解身體所想要的美味」唐渡主廚這麼說。正是如此，先前「想使用真正的、原來樣子的食材」這句話，充滿了主廚所信奉的料理哲學。雖然沒有大聲宣揚，但 Lumière 所使用的素材，有 80% 以上都是無農藥或是減農藥，天然的「真正」素材。

每一道料理上都閃耀著四季的光輝，滑順的進入五臟六腑之中。並且會讓人覺得「也想讓小孩子吃」、「即使到了 100 歲也還想吃」。這個事實正訴說著身體所想要的美味這件事。

lumière Restaurant et Café

Lumière 集團所有店鋪名單

餐廳、茶沙龍、咖啡廳 ... 雖然店鋪有各種形式，
但「蔬食美味」這個主題是每間店共通的主題。
也請享受每間店充滿自己個性的特別料理「遊樂園」。
請務必實際體驗看看「蔬食美味」。

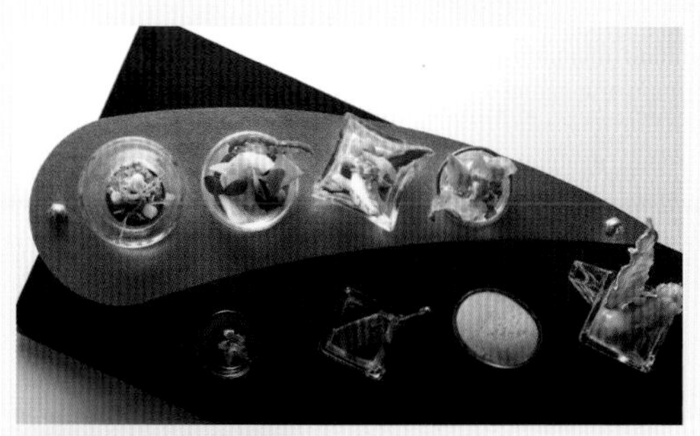

lumière
lumière 本店
大阪市中央区東心斎橋 1-19-15
UNAGIDANI BLOCK3F
tel 06-6251-4006
lunch 11:30 ～ 15:00（LO14:00）
dinner 17:30 ～ 22:30（LO21:00）
公休日 週一（若遇節日則營業）
39 席 有包廂

lumière l' esprit k
大阪市中央区難波 5-1-18
高島屋大阪店なんばダイニングメゾン 9F
tel 06-6633-2281
lunch 11:00 ～ 15:30（LO14:30）
dinner 17:30 ～ 23:00（LO21:30）
公休日 依設施公休日為準 35 席 有包廂

lumière Osaka KARATO
大阪市北区大深町 4-20 グランフロント大阪 ショップ＆レストラン南館 8F
tel 06-6485-7515
lunch 11:00 ～ 15:30（LO14:30）
dinner 17:30 ～ 23:00
（週六、日與節日為 17:00 ～、LO21:30）
公休日 依設施公休日為準 54 席

DAMMANN lumière
Takashimaya-Osaka
大阪市中央区難波 5-1-5
高島屋大阪店 2F
tel 06-6632-9809
10:00 ～ 20:00（LO19:30）
公休日 依設施公休日為準 46 席 有包廂

lumi CAFÉ
大阪市中央区難波 5-1-5
高島屋大阪店 5F
tel 06-6631-9886（代表號）
10:00 ～ 20:00（LO19:30、週五、六為～ 20:30、LO20:00）
公休日 依設施公休日為準 20 席

DAMMANN lumière
Hankyu-Umeda
大阪市北区角田町 8-7
阪急うめだ本店 6F
tel 06-6313-1579
10:00 ～ 20:00（LO19:30）
公休日 依設施公休日為準 50 席

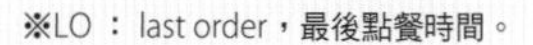

※LO ： last order，最後點餐時間。

PROFILE

唐渡 泰（Yasushi Karato）

Lumière 老闆兼主廚／K Coeur股份有限公司代表取締役社長。
於眾多名店、旅館修業後，2006年在大阪心齋橋開設「法式餐廳 Lumière」，第一年就在「查氏餐館調查」上名列前茅。除了以廚師的身份在第一線以「蔬食美味」作為自身料理的追求，也一邊從事餐廳經營、飲食事業企劃製作及法國「DAMMANN FRÈRES」紅茶的進口業務。現在擁有3間餐廳、2間茶沙龍，1間咖啡廳，共計6間店。也參與規劃食育、地域食文化振興、各種料理比賽的評審、在日本國內外舉行的美食會、合作活動等。在「米其林指南」中，連續獲得星等。

Lumière HP　http://k-coeur.com
Lumière Facebook　http://www.facebook.com/lumiere.since2006
DAMMANN FRÈRES HP　http://www.dammann.jp

参考資料　『おいしさをつくる「熱」の科学』（佐藤秀美 著／柴田書店）
『フランス料理ハンドブック』（辻調グループ 辻静雄料理教育研究所 編著／柴田書店）
『基礎からわかるフランス料理』（辻調理師専門学校監修、安藤裕康・古保勝・戸田純弘 共著／柴田書店）
『からだにおいしい野菜の便利帳』（板木利隆 監修／高橋書店）

TITLE

今天蔬菜當主角

STAFF

出版	瑞昇文化事業股份有限公司
作者	唐渡 泰
譯者	林芸蔓
總編輯	郭湘齡
文字編輯	徐承義　蔣詩綺　陳亭安　李冠緯
美術編輯	孫慧琪
排版	曾兆珩
製版	印研科技有限公司
印刷	龍岡數位文化股份有限公司
法律顧問	經兆國際法律事務所　黃沛聲律師
戶名	瑞昇文化事業股份有限公司
劃撥帳號	19598343
地址	新北市中和區景平路464巷2弄1-4號
電話	(02)2945-3191
傳真	(02)2945-3190
網址	www.rising-books.com.tw
Mail	deepblue@rising-books.com.tw
初版日期	2018年12月
定價	350元

ORIGINAL JAPANESE EDITION STAFF

アートディレクション	古川智基（SAFARI inc.）
デザイン	結城雅奈子
取材	佐藤良子
撮影	藤原晋介（Aryu inc.）
撮影アシスタント	尾上静香　松田紗希
イラストレーション	前田悠樹（SAFARI inc.）　唐渡 泰（P02）
フランス語校正	Marie-José Marie
企画	唐渡晴香
撮影協力	三五朗農園　長崎慈眼堂
商品協力	アサヒ軽金属工業株式会社（オールパン） デロンギ・ジャパン株式会社
株式会社ケイクール/ リュミエールスタッフ	唐渡 貴　吉田繁雄　田村 淳　川端健太 古谷新伍　今村 隆　田中洋和　川原勇輝 大倉宣靖　金子大輔　堀本知充　音 達也 岩尾大誠　吉川正輝　白濱和哉　黒岩 薫 宮芝天空　前田一樹　高島龍輝

國家圖書館出版品預行編目資料

今天蔬菜當主角 / 唐渡泰作 ; 林芸蔓譯.
-- 初版. -- 新北市 : 瑞昇文化, 2018.12
96 面 ; 18.2 x 25.7 公分
譯自 : 野菜の美食
ISBN 978-986-401-291-6(平裝)

1.蔬菜食譜 2.烹飪

427.3　　107019850